中文版

Photoshop CC

标准培训教程

杜慧 吴建平 编著

北京日报出版社

图书在版编目（CIP）数据

中文版 Photoshop CC 标准培训教程 / 杜慧, 吴建平
编著. -- 北京 ：北京日报出版社, 2019.12
　　ISBN 978-7-5477-3582-4

　　Ⅰ. ①中… Ⅱ. ①杜… ②吴… Ⅲ. ①图象处理软件
－教材 Ⅳ. ①TP391.413

　　中国版本图书馆 CIP 数据核字(2019)第 248139 号

中文版 Photoshop CC 标准培训教程

出版发行：北京日报出版社
地　　址：北京市东城区东单三条 8-16 号东方广场东配楼四层
邮　　编：100005
电　　话：发行部：（010）65255876
　　　　　总编室：（010）65252135
印　　刷：北京市燕山印刷厂
经　　销：各地新华书店
版　　次：2019 年 12 月第 1 版
　　　　　2019 年 12 月第 1 次印刷
开　　本：787 毫米×1092 毫米　1/16
印　　张：19
字　　数：608 千字
定　　价：68.00 元　（随书赠送光盘一张）

内容提要

本书从自学与培训的角度出发，全面、详细地介绍了该图像处理软件的强大功能和实际应用。全书共分 12 章，从 Photoshop CC 2018 的基础知识讲起，包括图像设计基础入门、图像设计基本操作、选区的创建、编辑和应用、图像的填充、绘制与修饰、路径、形状的绘制与应用、色彩艺术、文字魅力、图层的应用、蒙版与通道的应用、神奇滤镜、动作和输入、输出等内容，最后结合实际应用进行案例实战演练，让读者在学习理论得以入门和提高的同时，逐渐成为 Photoshop 图像处理的行家里手。

本书结构清晰、内容详实，采用了由浅入深、图文并茂的方式进行讲述，是各类计算机培训中心以及各大、中专院校的首选教材，同时也可以作为平面设计人员的自学参考书。

前　言

❖ 写作驱动

方法比知识更重要，做图书不能仅仅让读者学习纯粹的理论，也要注重实例的应用，更为重要的是推荐学习理论和制作实例的方法，做到跳出书本，以不变应万变。

❖ 亮点特色

本书运用归纳法将基础理论和核心知识，如庖丁解牛般进行最大限度的细分、剖析、归纳和总结：一是能对纷杂的软件知识点进行系统的整理，建立起全方位的知识结构体系，便于读者理解、消化、吸收和运用；二是能扩展读者思考问题的角度，想出解决问题的多种方法和技巧，并融会贯通、综合应用，大大提高解决实际问题的能力。

❖ 内容安排

本书从培训与自学的角度出发，全面、详细地介绍了中文版 Photoshop CC 2018 的各项命令和功能。全书共分 12 章，内容包括：图像设计基础入门、图像设计基本操作、选区的创建、编辑与应用、图像的填充、绘制与修饰、路径、形状的绘制与应用、色彩艺术、文字魅力、图层的应用、蒙版与通道的应用、神奇滤镜、动作和输入、输出等，最后通过综合实战演练的方式进行案例实训，以提高读者平面设计能力和实际工作能力。

❖ 适合读者

本书结构清晰、知识系统、语言简洁，适合以下读者：
➢ 想自学成才，学习 Photoshop CC 软件的初、中级读者。
➢ 各类电脑培训中心、学校及各大、中专院校的学生。
➢ 希望向广告、海报和照片处理等方向发展的设计人员。

❖ 售后服务

本书由杜慧、吴建平主编，梁为民、丁昊、梁新民为副主编，具体参编人员和字数分配：杜慧第 1~3 章（约 12 万字），刘羽暄第 4 章（约 5 万字），丁昊第 5 章（约 5 万字），梁新民第 6、7 章（约 10 万字），张玉茜第 8 章（约 5 万字），梁为民第 10 章（约 6 万字），吴建平第 9、11、12 章和附录（约 13 万字）。书中若有疏漏与不妥之处，欢迎广大读者提出宝贵意见，我们将在再版时加以修订和改进。

特别说明：本书的图片素材、效果创意、企业标识等版权均为所属公司和个人所有，本书引用仅为说明（教学）之用，绝无侵权之意，特此声明。

编　者
2019 年 10 月

目　录

目
录

目　录

東方卓越

第 1 章　图像设计基础入门

■ **本章概述**

　　本章主要介绍 Photoshop CC 2018 的新增功能、系统配置要求、安装与卸载、工作界面及图像处理专业术语等。

■ **方法集锦**

全新的起始屏和新建文档	选择并遮住功能	人脸识别液化
启动 Photoshop CC 2018 的 3 种方法	退出 Photoshop CC 2018 的 5 种方法	

1.1　Photoshop CC 2018 的新增功能

　　与早期版本相比，Photoshop CC 2018 新增了很多功能，提供了更广阔的创作空间，更加便于用户按照使用习惯定制 Photoshop。使用新增功能可以提高文件处理的工作效率，如全新的界面、起始屏幕和"新建文档"对话框更迅速地打开或创建合适的文档、使用"选择并遮住"功能更轻松地隔离主体或者删除背景、使用"人脸识别液化"修改脸部特征和表情、快速查找 Photoshop 工具、功能和教程等。另外，还增加了"360 全景图"、"支持 HEIF"、"自动人脸识别/照片分析"、"闭眼修复"、"前景/背景抠图更精确"、"侧边分组"、"动态帧故事"，如何在 Adobe Portfolio 网站上展示作品等。

1.1.1　全新的起始屏幕和新建文档

　　启动 Photoshop CC 2018 后，用户可以看到使用改进后的起始屏幕和"新建文档"，如图 1-1 所示。

图 1-1　全新的起始屏幕和"新建功能"

1.1.2　选择并遮住功能

选择并遮住功能是 Photoshop CC 2018 的新增功能，使用该功能可以更轻松地隔离主体和删除背景，效果如图1-2所示。

图 1-2　选择并遮住

1.1.3　人脸识别液化

人脸识别功能是 Photoshop CC 2018 的一个新增功能，使用该功能可以更轻松地将人物或者动物等的局部形状进行调整。效果如图 1-3 所示。

人脸液化前　　　　　　　　　　　人脸液化后

图 1-3 人脸识别液化

1.2　Photoshop CC 2018 的系统配置要求

Photoshop CC 2018 对系统的要求比较高，下面将分别介绍其对 PC 机和苹果机的系统配置要求。

1.2.1　PC 机的配置要求

对于 Windows 操作系统来说，Photoshop CC 2018 对系统配置的要求如下：

❋ 操作系统：Windows 2000（带 Service Pack 4）、Windows NT（Service Pack 6a）或者 Windows XP（带 Service Pack 1 或 2），推荐使用 Windows7，相对稳定一点。

❋ CPU：推荐使用 Pentium 4 处理器。

❋ 内存：Photoshop CC 的有些功能（包括所有 3D 功能）要求至少有 512M 的 VRAM（显存），且使用的 Windows 操作系统是 64 位的。

❋ 显卡：推荐使用 1024×768 或更高分辨率、32 位彩色或更高级视频显卡。

❋ 硬盘：1GB 可用硬盘空间，推荐越大越好。

❋ 光驱：CD-ROM 驱动动器，推荐配置 DVD 光驱。

❋ 要在计算机上安装 Photoshop 和 Bridge，必须使用桌面应用程序 Adobe Creative Cloud，这个程序可以从 adobe.com/creativecloud/desktop-app.html 下载。

1.2.2　苹果机的配置要求

对于 Macintosh 操作系统来说，Photoshop CC 2018 对系统配置的要求如下：

❋ 操作系统：Mac OS（9.1 版、9.2 版）或者 Mac OS X（10.1.3 版或更高）。

❋ CPU：Power PC（G3、G4 或更高）。

❋ 内存：512MB 内存。

❋ 显卡：推荐使用 1 024×768 或更高分辨率、32 位彩色或更高级视频显卡。

❋ 硬盘：1GB 可用硬盘空间，推荐越大越好。

❋ 光驱：CD-ROM 驱动器，推荐配置 DVD 光驱。

1.3　Photoshop CC 2018 的启动与退出

启动和退出 Photoshop CC 2018 是学习使用该软件之前必须掌握的基本操作。下面将介绍 Photoshop CC 2018 启动和退出的方法。

扫码观看本节视频

1.3.1　启动 Photoshop CC 2018

下面以在 Windows 中启动 Photoshop CC 2018 为例，介绍启动 Photoshop CC 2018 常用的 3 种方法。

❋ 图标：双击桌面上的 Adobe Photoshop CC 快捷方式图标 。

❋ 文件：双击已经存在的任意一个 PSD 格式的 Photoshop 文件，如果出现"嵌入的配置文件不匹配"对话框，单击"确定"按钮；如果出现"从文档新建库"对话框，单击"取消"按钮；如果出现有关更新文字图层的消息，单击"否"。

❋ 命令：单击"开始"|"所有程序"| Adobe Photoshop CC 2018 命令。

1.3.2 退出 Photoshop CC 2018

退出 Photoshop CC 2018 的常用方法有以下 5 种：

❋ 按钮：单击 Photoshop CC 2018 界面右上角的"关闭"按钮 ❌ 。
❋ 命令：单击左上角"文件"|"退出"命令。
❋ 图标：单击标题栏左侧的程序图标 Ps ，在弹出的下拉菜单中选择"关闭"选项。
❋ 快捷键 1：按【Ctrl+Q】组合键。
❋ 快捷键 2：按【Alt+F4】组合键。

1.4 Photoshop CC 2018 的工作界面

扫码观看本节视频

启动 Photoshop CC 2018，单击"文件"|"打开"命令，打开一幅图像，其工作界面如图 1-4 所示。

图 1-4 Photoshop CC 2018 的工作界面

1.4.1 标题栏

标题栏位于工作界面的最上方，左侧显示的是软件的图标和名称。当图像窗口显示为最大化状态时，标题栏中将显示当前编辑文档的名称、颜色模式和显示比例。

标题栏右侧有 3 个按钮 — ⬜ ❌ ，其中左侧和中间的两个按钮用于控制界面的最小化和最大化显示，右侧的按钮用于退出程序。

1.4.2 菜单栏和右键快捷菜单

菜单栏包括文件、编辑、图像、图层、选择、文字、滤镜、3D、视图、窗口和帮助 11 个菜单；所谓右键快捷菜单就是单击鼠标右键时弹出的快捷菜单。

菜单栏

Photoshop CC 菜单栏提供了多种菜单命令，用户可以通过菜单命令完成各种操作。单击任何一个主菜单弹出相应的下拉菜单，使用下拉菜单中的命令，可以完成大部分的图像处理操作。

使用菜单命令时，应注意以下几点：

⁂ 菜单命令呈灰色，表示该命令在当前状态下不可用。

⁂ 菜单命令后标有黑色三角符号，表示该菜单还有下级子菜单。

⁂ 菜单命令后标有组合键（称为菜单快捷键），表示按该快捷键可直接执行该项命令。

⁂ 菜单命令后标有省略符号，表示单击该菜单命令时，将会弹出一个对话框。

⁂ 要切换菜单，只需在各菜单名称上移动鼠标指针即可。

⁂ 要关闭所有已打开的菜单，可单击已经打开的主菜单名称，还可按【Alt】键或【F10】键。若要逐级向上关闭菜单，可按【Esc】键或切换主、子菜单。

右键快捷菜单

Photoshop CC 的右键快捷菜单功能十分强大。在图像窗口、控制调板等处单击鼠标右键都会弹出对应的快捷菜单。用户可以使用这些快捷菜单中的选项轻松地完成图像编辑或界面显示等操作，例如，在"图层"调板中的图层缩览图处单击鼠标右键，将弹出如图 1-5 所示的快捷菜单。

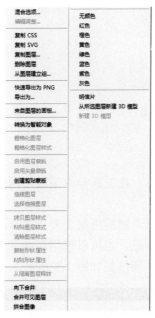

图 1-5　右键快捷菜单

1.4.3　工具箱和工具属性栏

工具箱被认为是 Photoshop CC 的"兵器库"，其中包括编辑图像时常用的工具，在工具属性栏中可以设置所选工具的相关属性。

📖 工具箱

启动应用程序时，工具箱出现在屏幕的左侧。当用鼠标指针指向任意一个工具时，该工具按钮将呈彩色三维凸起状态，单击该工具按钮，它将呈凹下状态，即选中了此工具，如图1-6所示。

很多工具按钮的右下角都有一个小三角形图标，表示其中还有其他工具，按住工具按钮不放或在其上单击鼠标右键，即可弹出工具组（如图1-7所示），用户可从中选择所需工具。

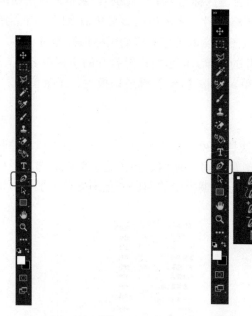

图1-6　工具箱　　　　　　　　图1-7　工具组

📖 工具属性栏

工具属性栏位于菜单栏的下方，在工具箱中选取不同的工具时，工具属性栏中显示的内容和参数也各不相同。

在工具箱中选取要使用的工具，然后根据需要在工具属性栏中进行参数设置，最后使用该工具对图像进行编辑和修改。当然，也可以使用系统默认的参数对图像进行编辑和修改。

选取工具箱中的移动工具，其属性栏如图1-8所示。

图1-8　工具属性栏

1.4.4　图像编辑窗口

图像编辑窗口是显示、编辑和处理图像的区域。在图像编辑窗口中可以实现Photoshop CC中的所有功能，也可以对其进行多种操作，如改变窗口大小和位置、对窗口进行编辑等。

在中文版 Photoshop CC 中，用户可以打开一个或多个图像窗口。

图像窗口的标题栏显示的内容从左到右依次为：窗口控制图标 Ps、图像文件名称（包括文件格式）、图像显示比例、图像颜色模式、"最小化"按钮、"最大化"按钮 和"关闭"按钮 。如果当前的窗口不能完整地显示图像，窗口下边和右侧将出现滚动条，通过移动滚动条可以调整当前窗口显示的图像区域，如图 1-9 所示。

图 1-9　图像编辑窗口

1.4.5　浮动控制调板

浮动控制调板其实是一种窗口，它总是浮动在工作界面的右方。浮动控制调板是中文版 Photoshop CC 中一种非常重要的辅助工具，其主要功能是帮助用户监视和修改图像。使用控制调板可以对当前图像的图层、通道、路径以及色彩等进行相关的设置和控制，以方便使用。下面将分别介绍几种主要的浮动控制调板。

📖 "图层"调板

"图层"调板是 Photoshop CC 中使用频率最高的调板，如图 1-10 所示。关于图层及"图层"调板的内容将在第 8 章进行详细介绍。

📖 "通道"调板

"通道"调板将图像分成不同的颜色通道来保存图像的颜色信息，如图 1-11 所示。通道同样也是 Photoshop CC 的主要功能，将在本书第 9 章进行详细介绍。

图 1-10　"图层"调板

图 1-11　"通道"调板

📖 "路径"调板

　　在"路径"调板中可以进行删除路径、保存路径和复制路径等操作，也可以将路径转换为选区，如图1-12所示。

　　📖 "导航器"调板

　　"导航器"调板可以快速显示图像的缩览图，以便于用户控制图像，可以快速显示图像比例及移动图像的显示内容，如图1-13所示。

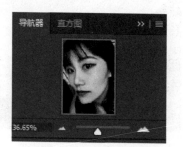

图1-12　"路径"调板　　　　　　　　图1-13　"导航器"调板

　　📖 "画笔"调板

　　"画笔"调板主要用于设置画笔的笔刷、直径等，如图1-14所示。

图1-14　"画笔"调板

　　📖 "信息"调板

　　"信息"调板为用户提供鼠标指针所在位置的坐标值以及该处像素的色彩值。当用户对选区内或者图层中的图像进行旋转和变形时，还可以显示选区的大小和旋转角度等信息。单击"跟踪实际颜色值"按钮，可以在弹出的下拉菜单中可以进行相关设置。"信息"调板如图1-15所示。

📖 "颜色"调板

使用该调板可以方便地使用数种颜色模式准确地设置和选取颜色，如图 1-16 所示。

📖 "色板"调板

使用"色板"调板，可以方便地选择默认的颜色并保存自定义的颜色，如图 1-17 所示。

图 1-15 "信息"调板

图 1-16 "颜色"调板

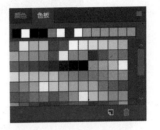

图 1-17 "色板"调板

📖 "样式"调板

"样式"调板提供预设的图层样式效果，在此调板中单击任何一个样式，即可为当前图层赋予样式所定义的效果。用户除了可以选择系统默认的图层样式类型之外，还可以保存自定义的样式，从而创建样式库，如图 1-18 所示。

📖 "历史记录"调板

通过"历史记录"调板可以对图层进行指定步骤的恢复和撤销操作，还可以为指定的操作创建快照，如图 1-19 所示。

图 1-18 "样式"调板

图 1-19 "历史记录"调板

📖 "字符"调板

"字符"调板用于设置文字的字符格式，如图 1-20 所示。

📖 "段落"调板

"段落"调板用于设置文字的段落格式，如图 1-21 所示。

图1-20 "字符"调板

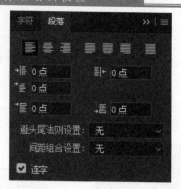

图1-21 "段落"调板

1.4.6 状态栏

状态栏位于图像窗口的最下方，用于显示与当前图像有关的信息，以及一些操作说明及提示信息。

状态栏由显示比例、文件信息和提示信息3部分组成。状态栏左侧的数值框用于设置图像窗口的显示比例，用户可以在该数值框中输入任意数值，然后按【Enter】键，即可改变图像窗口的显示比例。

状态栏右侧的区域用于显示图像文件信息，单击状态栏中的小三角形 按钮，可弹出一个显示文件信息的快捷菜单，如图1-22所示。

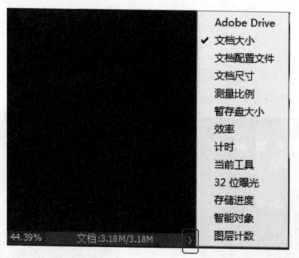

图1-22 显示文件信息的快捷菜单

该菜单中各主要选项的含义如下：

❋ Adobe Drive：选择该选项，可以在状态栏中显示文件是处于存储过的"打开"状态，还是没有保存过的"始终未保存"状态。

❋ 文档大小：显示当前所编辑图像的大小。

❋ 文档配置文件：显示当前所编辑图像为何种模式，如 RGB 颜色、CMYK 颜色、Lab 颜色等。

❋ 文档尺寸：显示当前所编辑的图像尺寸大小，如 10.58cm×7.06cm。

* 测量比例：显示测量比例所使用的单位，如 1 像素=1.0000 像素。
* 暂存盘大小：显示当前用于处理图像的内存和可用内存信息。
* 效率：显示当前所编辑图像的操作效率。
* 计时：显示当前编辑图像操作用去的时间。
* 当前工具：显示当前选择的工具。
* 32 位曝光：该命令只能用在 32 位图像中，即在 32 位图像中可以直接调整图像的曝光度。
* 存储进度：该文件存储的状态。
* 智能对象：Photoshop CC 在编辑图片的时候，可以保留原素材的可编辑性。
* 图层计数：显示当前编辑的图片过程中总共使用的图层数量。

在文件信息区域上按住鼠标左键不放，可以查看图像的打印预览情况，其中两条对角线覆盖的区域表示图像的尺寸，蓝色的矩形区域代表打印纸张的大小，如图 1-23 所示。

按住【Alt】键，在状态栏的图像文件信息区上单击鼠标左键，可以显示图像的宽度、高度、通道及分辨率等信息，如图 1-24 所示。

图 1-23　打印预览情况

> 宽度：1100 像素
> 高度：1011 像素
> 通道：3(RGB 颜色，8bpc)
> 分辨率：72 像素/英寸

图 1-24　图像信息框

1.5　图像处理专业术语

要真正掌握和使用一个图像处理软件，不仅需要掌握该软件的操作，还要掌握图像的相关知识，如图像类型、图像格式、颜色模式及一些色彩原理等。在介绍了有关中文版 Photoshop CC 的基本功能之后，为了方便后面的学习，下面将讲解一些有关图像处理的专业术语。

1.5.1　位图图像与矢量图形

计算机图形主要分为两类：位图图像和矢量图形。用户可以在 Photoshop CC 中使用这两种类型的图形；此外，Photoshop CC 文件既可以包含位图，又可以包含矢量数据。了解两类图形间的差异，对创建、编辑和导入图片很有帮助。

📖 矢量图形

矢量图形也称为向量图形，矢量图形是把线段和文本定义为数学公式，它具有非常好的缩放性能，无论如何放大，都不会变形，而且打印效果十分清晰，如图 1-25 所示。

图 1-25　矢量图形的放大效果

矢量图形与分辨率无关，因为它是由边线和内部填充组成的。对于矢量图形，文件的大小与打印图像的大小几乎没有关系，此种特性正好与位图图像相反。矢量图形无法通过扫描获得，主要依靠设计软件生成。制作矢量图形的软件有 FreeHand、Illustrator、CorelDRAW 和 AutoCAD 等。

📖 位图图像

位图图像也称作点阵图像或栅格图像，它是由许多不同颜色的方格组成。不同颜色方格排在不同位置就形成了不同图像。任何图像都含有有限数目的像素，图像显示比例小，像素就小；图像显示比例大，像素就大。这样，当一幅位图图像显示得很大时，就可以看到锯齿状边缘和块状结构边缘的过渡，如图 1-26 所示。制作位图图像的软件有 Adobe Photoshop、Design Painter 和 Corel Photo－PAINT 等。

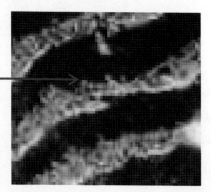

图 1-26　位图图像放大效果

位图图像在图像阴影和颜色的细微层次变化方面有着很好的表现力，因此位图图像被广泛地应用于照片和数字绘画中。

1.5.2　像素和分辨率

要制作高质量的图像，就要充分理解"像素"和"分辨率"这两个概念。图像以多大尺寸在屏幕上显示取决于多种因素——图像的分辨率、显示器大小和显示器的分辨率设置等。

📖 像素

像素（Pixel）是图形单元（Picture element）的简称，它是位图中最小的计量单位。像素有两种属性：一种是相对于位图图像中的其他像素来说具有特定的位置；另一种是可以用来度量颜色的深度。

除了某些特殊标准外，像素均为正方形。像素是图像的基本单位，图像由以行和列的方式进行排列的像素组成。

📖 分辨率

分辨率是和图像相关的一个重要概念，它是衡量图像细节的参数。分辨率的类型有多种，分别为图像分辨率、显示器分辨率、打印机分辨率、扫描分辨率、数码相机分辨率及商业印刷领域分辨率等，下面将对这些不同类型的分辨率进行详细介绍。

（1）图像分辨率

图像分辨率的大小指打印图像时，在每个长度单位上打印的像素，通常以"像素/英寸"（Pixel/inch，ppi）来衡量。图像分辨率和图像尺寸共同决定文件的大小及输出的质量，文件大小与其图像分辨率的平方成正比。如果保持图像尺寸大小不变，将图像分辨率提高一倍，其文件大小则增大为原来的 4 倍，也就是说分辨率的大小、图像的尺寸和文件的大小彼此之间互相关联。

（2）显示器分辨率

显示器分辨率指显示器上每单位长度显示的像素或点的数量，通常以"点/英寸"（dpi）来衡量。显示器的分辨率依赖于显示器尺寸与像素设置，典型分辨率为 96 像素/英寸，Mac OS 显示器分辨率为 72 像素/英寸。当图像以 1:1 比例显示时，每个点代表 1 个像素。当图像放大或缩小时，系统将以多个点代表 1 个像素，或者以 1 个点代表多个像素。

（3）打印机分辨率

打印机在每英寸所能产生的墨点数目（dpi）称为打印机分辨率。大多数激光打印机的分辨率为 600dpi，而照排机的分辨率为 1 200dpi 或者更高。为了达到最佳的打印效果，图像分辨率可以不必与打印机的分辨率完全相同，但必须与打印机的分辨率成比例。

（4）扫描分辨率

扫描分辨率是指在扫描一幅图像之前设定的分辨率，它将影响所生成图像文件的质量和使用的性能，它决定图像将以何种方式显示或打印。扫描图像分辨率一般不要超过 120 像素/英寸（dpi）。大多数情况下，扫描图像是为了在高分辨率的设备中输出，如果图像扫描分辨率过低，就会导致输出的效果非常粗糙。反之，数字图像就会产生超过打印所需要的信息，不但会减慢打印的速度，而且在打印输出时会使图像色调的细节过度丢失，影响打印效果。

（5）数码相机分辨率

数码相机分辨率的高低决定了所拍摄影像最终所能打印出的高质量画面的大小，或在计算机显示器上所能显示的画面大小。数码相机分辨率的高低取决于相机 CCD（Charge Coupled Device，电荷耦合器件）芯片上像素的多少，像素越多分辨率越高。

（6）商业印刷领域分辨率

商业印刷领域分辨率表示在每英寸上等距离排列成多少条网线，即以线/英寸（lpl）表示。在传统商业印刷制版过程中，制版时要在原始图像的前面调加一个网屏，这个网屏由呈方格状的透明与不透明部分相等的网线构成，这些网线称为光栅，其作用是切割光线解剖图像。由于光线具有衍射的物理特性，因此光线通过网线后会形成反映原始图像影像变化的大小不同的点，这些点就是半色调点，一个半色调点最大不会超过一个网格的面积，网线越多表现图像的层次越多，图像的质量也就越好。

1.5.3　图像的颜色模式

颜色能激发人的情感，并产生对比效果，使图像显得更加生动美丽。它能使一幅黯淡的图像变得明亮绚丽，使一幅本来毫无生气的图像变得充满活力。对于图像设计者、画家、艺术家或者录像制作者来说，选用完美的颜色至关重要。

灰度模式

灰度模式的图像由 256 种颜色组成，因为每个像素可以用 8 位或 16 位颜色来表示，所以色调表现力比较丰富。将彩色图像转换为灰度模式时，所有的颜色信息都将被删除。

虽然 Photoshop CC 允许将灰度模式的图像再转换为彩色模式，但是原来已丢失的颜色信息将无法再获得，因此，在将彩色图像转换为灰度模式之前，应该用"存储为"命令保存一个备份图像。

位图模式

位图模式是使用两种颜色值（黑色和白色）表示图像中的像素。位图模式的图像也称为黑白图像，其每一个像素都是用一个方块来记录的，因此所要求的磁盘空间最小。当图像需转换为位图模式时，必须先将图像转换为灰度模式。

双色调模式

双色调模式通过 2～4 种自定义油墨创建双色调（两种颜色）、三色调（3 种颜色）和四色调（4 种颜色）的灰度图像。要将图像转换成双色调模式，必须先将其转换为灰度模式。

Lab 模式

Lab 颜色模式是 Photoshop CC 在不同颜色模式之间转换时使用的内部安全格式，它的色域包含 RGB 颜色模式和 CMYK 颜色模式的色域，因此，将 RGB 颜色模式转换为 CMYK 颜色模式时，要先将其转换为 Lab 颜色模式，再从 Lab 颜色模式转换为 CMYK 颜色模式。Lab 颜色模式由一个亮度（或发光率）特性和两个颜色轴组成。

RGB 模式

RGB 颜色模式是 Photoshop CC 默认的颜色模式，此颜色模式的图像均由红（R）、绿（G）和蓝（B）3 种颜色的不同颜色值组合而成。

RGB 颜色模式为彩色图像中每个像素的 R、G、B 颜色值分配一个 0～255 的强度值，一共可以生成超过 1670 万种颜色，因此 RGB 颜色模式下的图像非常鲜艳。由于 R、G、B 三种颜色合成后产生白色，RGB 颜色模式又被称为"加色"模式。

RGB 颜色模式能够表现的颜色范围非常宽广，因此将 RGB 颜色模式的图像转换为其他包含颜色种类较少的颜色模式时，则有可能丢色或偏色。

CMYK 模式

CMYK 颜色模式是标准的工业印刷颜色模式，如果要将其他颜色模式的图像输出并进行彩色印刷，必须将其颜色模式转换为 CMYK 颜色模式。

CMYK 颜色模式的图像由 4 种颜色组成，即青（C）、洋红（M）、黄（Y）和黑（K），每种颜色对应于一个通道及用来生成 4 色分离的原色。根据 4 个通道，输出中心可以制作出青色、洋红色、黄色和黑色胶版，在印刷图像时将每张胶版中的彩色油墨组合起来以产生各种颜色。

索引颜色模式

索引颜色模式又称为图像映射色彩模式，该模式中最多可以使用 256 种颜色，所以只能存储 8 位色彩深度的文件，而这些颜色都是预先定义好的。使用该模式不但能有效缩减图像文件的大小，还可保持图像文件的色彩品质，很适合制作放置于 Web 页面上的图像文件或多媒体动画。

多通道模式

多通道模式是在每个通道中使用 256 级灰度，多通道图像对特殊的打印非常有用。将 CMYK 模式图像转换为多通道模式后，可创建青、洋红、黄和黑专色通道；将 RGB 模式图像转换为多通道模式后，可创建红、绿、和蓝专色通道。当用户从 RGB、CMYK 或 Lab 模式的图像中删除一个通道后，该图像会自动转换为多通道模式。

1.5.4　常用的图像文件格式

电脑中的图像以文件的形式存在，即常说的图像文件。图像文件有很多种格式，可分别用于不同的需求。了解图像文件的格式，可以有效地对文件进行保存和管理。

PSD（*.PSD）

该格式是 Photoshop CC 本身专用的文件格式，也是新建文件时默认的存储文件类型。该种文件格式不仅支持所有模式，还可以将文件的图层、参考线、Alpha 通道等属性信息一起存储。该格式的优点是保存的信息多，缺点是文件占用空间较大。

BMP（*.BMP）

BMP 是 Windows 操作系统中"画图"程序的标准文件格式，此格式与大多数 Windows 和 OS/2 平台的应用程序兼容。由于该图像格式采用的是无损压缩，因此，其优点是图像完全不失真，缺点是图像文件的尺寸较大。

📖 JPEG（*.JPG）

JPEG 是一种压缩效率很高的存储格式，但是，由于它采用的是具有破坏性的压缩方式，因此，该格式仅适用于保存含文字或文字尺寸较大的图像，否则，将导致图像中的字迹模糊。目前，以 JPEG 格式保存的图像文件多用作网页素材图像。

JPEG 格式支持 CMYK、RGB、灰度等颜色模式，但不支持 Alpha 通道。

📖 GIF（*.GIF）

GIF 格式为 256 色 RGB 颜色模式，其特点是文件尺寸较小，支持透明背景，特别适合作为网页图像。

📖 TIFF（*.TIF）

TIFF 格式能够有效地处理多种颜色深度、Alpha 通道和 Photoshop CC 的大多数图像格式，支持位图、灰度、索引、RGB、CMYK 和 Lab 等颜色模式，RGB、CMYK 和灰度图像都支持 Alpha 通道。TIFF 文件还可以包含文件信息命令创建的标题。

TIFF 也是应用最广泛的图像文件格式之一，它支持任意的 LZW 压缩格式，是 LZW 光栅图像中应用最广泛的一种。LZW 压缩是无损失的，所以不会有数据丢失，其在文件数据的字符串中寻找重复项，而在光栅图像中这样的重复项是很普遍的。使用 LZW 压缩方式可以大大减小文件的大小，特别是包含大面积单色区的图像；但是 LZW 压缩文件要花很长的时间来打开和保存。

由于 TIFF 格式已被广泛接受，而且可以方便地进行转换，因此该格式常被用于出版和印刷业。另外，大多数扫描仪都支持 TIFF 格式，这使得 TIFF 格式成为数字图像处理的最佳选择。

📖 PDF（*.PDF）

PDF 格式是 Adobe 公司推出的专为网上出版而制订的一种格式。它以 PostScript Level2 语言为基础，可以覆盖矢量式图像和位图图像，并且支持超链接。

PDF 格式是由 Adobe Acrobat 软件生成的文件格式，该格式可以保存多页信息，其中可以包含图形和文本。此外，由于该格式支持超链接，因此网络下载经常使用此文件格式。

PDF 格式支持 RGB、索引、CMYK、灰度、位图和 Lab 等颜色模式，但不支持 Alpha 通道。

习　题

一、填空题

1. 位图图像也称作_____或_____，它是由多个颜色不同的_____组成的。不同颜色方格排在不同的位置就形成了不同的图像。

2．菜单栏包括_____、编辑、图像、图层、文字、选择、_____、_____、_____、窗口和帮助 11 个菜单。

3．像素是_____的简称，它是位图中最_____的计量单位。

二、简答题

1．Photoshop CC 新增加了哪些功能？

2．Photoshop CC 的图像模式颜色有哪些？

3．Photoshop CC 常保存的文件格式有哪些？

三、上机操作

1．熟练掌握不同的方法打开 Photoshop CC 2018。

2．熟练掌握不同的方法退出 Photoshop CC 2018。

第 2 章　图像设计基本操作

■本章概述

　　本章主要讲解如何新建文件、打开文件、保存文件、关闭文件、置入与导出文件、恢复和撤销编辑、控制图像显示、调整图像尺寸和分辨率、图像的裁切、标尺、网格及参考线的使用等内容。

■方法集锦

新建图像文件 3 种方法	打开图像文件 10 种方法	保存图像文件 5 种方法
关闭图像文件 10 种方法	置入图像文件 2 种方法	导出图像文件 2 种方法
恢复/撤销编辑图像 4 种方法	切换图像窗口 4 种方法	改变图像显示 12 种方法
控制图像窗口显示 2 种方法	调整图像分辨率 2 种方法	调整画布大小 2 种方法
图像的裁切 3 种方法	显示或隐藏标尺 2 种方法	显示网格 2 种方法
隐藏网格 2 种方法	创建参考线 2 种方法	显示/隐藏参考线 2 种方法
锁定参考线 2 种方法	显示/隐藏额外内容 4 种方法	

2.1　图像基本操作

扫码观看本节视频

　　图像文件的基本操作包括文件的新建、打开、保存、关闭、置入、导出、恢复和撤销编辑等，下面将对这些操作进行详细的介绍。

2.1.1　新建图像文件

　　启动 Photoshop CC 工作界面中进行图像编辑，需先新建一个文件。

　　新建文件的方法有以下 2 种（如图 2-1 所示）：

❋　命令：单击"文件"|"新建"命令。

❋　快捷键 1：按【Ctrl＋N】组合键。

　　"新建"对话框中主要选项的含义如下：

❋　名称：在该文本框中可以输入新文件的名称。

❋　预设：在该下拉列表框中可以选择预设的文件尺寸，选择相应的选项后，"宽度"和"高度"数值框中将显示该选项的系统默认宽度与高度的数值；如果选择"自定义"选项，则可以直接在"宽度"和"高度"数值框中输入所需要的文件尺寸；"宽度"和"高度"的单位一般为像素、厘米、毫米等等，根据自己的需求设置相应的单位；在"高度"后面有一个方向，方便对所建画布"横向"或者"竖向"。

❋　分辨率：该数值是一个非常重要的参数，在文件的高度和宽度不变的情况下，分辨率越高，图像越清晰。

❋　颜色模式：在该下拉列表框中可以选择新建文件的颜色模式，通常选择"RGB 颜色"选项；如果创建的图像文件用于印刷，可以选择"CMYK 颜色"选项。

 专家指点

> 如果创建的图像文件用于印刷，分辨率最好不小于 300 像素/英寸；如果新建文件仅用于屏幕浏览或网页，分辨率一般为 72 像素/英寸即可。

❋　背景内容：用于设置新建文件的背景，选择"白色"、"黑色"或"背景色"有颜色的背景图层，如图 2-2 所示。

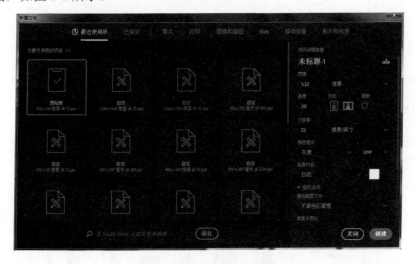

图 2-1　"新建"对话框

图 2-2　有颜色的背景图层

❋　最近使用的项目：当你建立好一个图像之后，Photoshop CC 会自动保存这个尺寸的图像，待你再次使用该尺寸的时候，不用设置参数，直接就可以使用，图 2-3 所示。

图 2-3　最近使用的项目

2.1.2　打开图像文件

在 Photoshop CC，打开图像文件的方法有 10 种，下面将分别进行介绍。

📖　使用菜单命令

用户可以直接使用菜单命令打开图像文件，单击"文件"|"打开"命令，将弹出"打开"对话框，如图 2-4 所示。

图 2-4　"打开"对话框

该对话框中各主要选项的含义如下：

❋　文件名：在文件列表框中选择需要打开的文件，则该文件的名称就会自动显示在"文件名"下拉列表框中，如图 2-5 所示。单击"打开"按钮，或双击该文件，或按【Enter】键，即可打开所选的文件，如图 2-6 所示。

图 2-5 选择文件   图 2-6 打开的图像

如果要同时打开多个文件，可以在"打开"对话框中按住【Shift】或【Ctrl】键不放，用鼠标选择要打开的文件，然后单击"打开"按钮即可。

❋   文件类型：在该下拉列表框中选择所要打开文件的格式。如果选择"所有格式"选项，则会显示该文件夹中的所有文件；如果只选择任意一种格式，则只会显示以此格式存储的文件，例如：选择 Photoshop（*.PSD；*.PDD）格式，则文件窗口中只会显示以 Photoshop 格式存储的文件。

另外，打开 Photoshop CC 弹出的菜单中可显示最近打开或编辑的文件，如图 2-7 所示。单击文件名称，即可打开该文件。

图 2-7 最近打开的文件

除了使用上述方法，用户还可以使用以下几种方法打开图像文件：

❋   单击"文件"|"浏览"命令。

❋   单击"文件"|"打开为"命令。

❋   单击"文件"|"打开智能对象"命令。

📖 使用快捷键

使用快捷键打开图像文件有以下 5 种方法：

❋   按【Ctrl＋O】组合键。

❋   按【Alt＋Ctrl＋O】组合键。

❋   按【Alt＋Shift＋Ctrl＋O】组合键。

⁂ 在工作区的灰色空白区域处双击鼠标左键。

⁂ 按住【Alt】键的同时，在工作区的灰色空白区域双击鼠标左键。

📖 使用浏览按钮

单击工具属性栏右端的"转到 Bridge"按钮，即可进入 Bridge 程序窗口，如果是 PSD 文件，直接双击即可将其打开；若是 JPEG 图像文件，可以双击鼠标左键，或单击鼠标右键，在弹出的快捷菜单中选择"打开方式"|"Adobe Photoshop CC 默认"选项，即可在 Photoshop CC 中打开该文件。

2.1.3 保存图像文件

在实际工作中，新建或更改后的图像文件需要进行保存，以便于以后使用，这也避免了因停电和死机带来的麻烦。下面将分别介绍保存图像文件的操作方法。

📖 使用菜单命令

使用菜单命令保存图像文件有以下两种方法：

⁂ 单击"文件"|"存储"命令。

⁂ 单击"文件"|"存储为"命令。

📖 使用快捷键

使用快捷键保存图像文件有以下 3 种方法：

⁂ 按【Ctrl+S】组合键。

⁂ 按【Ctrl+Alt+S】组合键。

⁂ 按【Shift+Ctrl+S】组合键。

若当前的文件是第一次进行保存操作，使用上述任何一种方法，都会弹出"另存为"对话框，如图 2-8 所示。

图 2-8 "另存为"对话框

该对话框中各主要选项的含义如下：

⁂ 作为副本：选中该复选框，可保存副本文件作为备份。以副本方式保存图像文件后，仍可继续编辑原文件。

❋ 图层：选中该复选框，图像中的图层将分层保存；取消选择该复选框，复选框的底部会显示警告信息，并将所有的图层进行合并保存。

❋ 使用校样设置：用于决定是否使用检测 CMYK 图像溢色功能。该选项仅在选择 PDF 格式的文件时才生效。

❋ ICC 配置文件：选中该复选框，可保存 ICC Profile（ICC 概貌）信息，以使图像在不同显示器中所显示的颜色相一致。该设置仅对 PSD、PDF、JPEG、AI 等格式的图像文件有效。

2.1.4 关闭图像文件

当编辑和处理完图像并对其进行保存后，就可以关闭图像窗口，下面分别介绍关闭图像文件的 10 种方法。

📖 使用按钮

单击图像窗口标题栏右端的"关闭"按钮 ❌ 。

📖 使用图标

双击图像窗口标题栏最左端的程序图标 Ps ，即可关闭图像文件。

📖 使用菜单命令

使用菜单命令关闭图像文件的方法有以下 3 种：
❋ 单击"文件"|"关闭"命令。
❋ 单击"文件"|"关闭全部"命令。
❋ 单击"文件"|"关闭并转到 Bridge"命令。

📖 使用快捷键

使用快捷键关闭图像文件的方法有以下 5 种：
❋ 按【Ctrl＋W】组合键。
❋ 按【Ctrl＋Shift＋W】组合键。
❋ 按【Ctrl＋F4】组合键。
❋ 按【Alt＋Ctrl＋F4】组合键。
❋ 按【Ctrl＋Shift＋F4】组合键。

2.1.5 导出图像文件

在 Photoshop CC 中，使用导出图像功能可以直接将图像导出到其他软件中进行编辑。导出图像文件有以下两种方法：

📖 运用 Windows 剪贴板

使用 Windows 剪贴板不但可以将其他应用程序中的图像置入到 Photoshop CC 中，也可以将 Photoshop CC 中的图像导出到其他应用程序中。

用户可以对 Photoshop CC 中的图像文件进行复制，然后返回到其他软件中进行粘贴，这样系统就会通过剪贴板完成图像的导出。

📖 运用菜单命令

如果需要将绘制的路径导出至 Illustrator 软件中，可单击"文件"|"导出"|"路径到 Illustrator"命令，弹出"导出路径"对话框，如图 2-9 所示。选择存放文件的位置，在"文件名"文本框中输入文件名称，然后单击"保存"按钮，即可将导出的文件保存为 AI 格式，如图 2-10 所示。

图 2-9 "导出路径"对话框　　　　　　　图 2-10 显示导出的 AI 文件

2.1.6 撤销和恢复操作

使用中文版 Photoshop CC 处理图像时，可以对所有的操作进行撤销和恢复操作。熟练地运用撤销和恢复功能将会给工作带来极大的方便。

📖 运用菜单命令

"编辑"菜单中的前 3 个命令用于操作步骤的撤销和恢复。

如果要撤销最近一步的图像处理操作，则可执行"编辑"菜单中的第一个命令，此时该命令的内容为"还原+操作名称"。当执行了"还原+操作名称"操作之后，该菜单就会变为"重做+操作名称"，单击此命令又可以还原被撤销的操作。

单击"编辑"|"后退一步"命令，或者按【Alt＋Ctrl＋Z】组合键，则可逐步撤销所做的多步操作；而单击"前进一步"命令，或者按【Shift＋Ctrl＋Z】组合键，则可逐步恢复已撤销操作，如图 2-11 所示。

图 2-11 编辑菜单

📖 运用"历史记录"调板

"历史记录"调板主要用于撤销操作。在当前工作期间可以跳转到所创建图像的任何一个最近状态。每一次对图像进行编辑时，图像的新状态都会添加到该调板中，例如，用户对图像局部进行了选择、绘画和旋转等操作，那么这些状态的每一个操作步骤都会单独地列在"历史记录"调板中，当选择其中的某个状态时，图像将恢复为应用该更改时的外观，此时用户可以以该状态开始工作。

"历史记录"调板主要由快照区、操作步骤区、历史记录画笔区及若干个按钮组成，如图 2-12 所示。

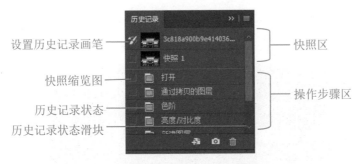

图 2-12 "历史记录"调板

单击该调板底部的"从当前状态创建新文档"按钮 ▣，可以将当前操作的图像文件复制为一个新文件，新建文档的名称以当前步骤的名称来命名，如图 2-13 所示。

图 2-13 创建新文档

单击该调板底部的"创建新快照"按钮 ⬛ ，则会为当前步骤建立一个新的快照图像。快照就是被保存的状态。用户可以将关键步骤创建为快照，拖动历史记录状态滑块 ⟫ ，或者在快照上单击鼠标左键，可在多个快照之间相互切换，以观察不同操作方法得到的效果。

要删除历史状态，可先将其选中，然后单击"历史记录"调板底部的"删除当前状态"按钮 🗑 ，弹出一个提示信息框，如图 2-14 所示。单击"是"按钮，即可删除当前选择的状态。

图 2-14 提示信息

专家指点

在默认情况下，"历史记录"调板中只记录 20 步操作，当操作超过 20 步之后，在此之前的状态会被自动删除，以便释放出更多的内存空间。要想在"历史记录"调板中记录更多的操作步骤，可单击"编辑"|"首选项"|"常规"命令，在弹出的"首选项"对话框中设置"历史记录"选项的值即可，其取值范围为 1%～100% 之间，如图 2-15 所示。

图 2-15 "首选项"对话框

在"历史记录"调板中，删除操作步骤区中某一个步骤将会同时删除该步骤后面的所有步骤。要想只删除一个步骤，而保留后面的其他步骤，可单击"历史记录"调板右上角的调板控制按钮，在弹出的调板菜单中选择"历史记录选项"选项，弹出"历史记录选项"对话框，选中"允许非线性历史记录"复选框，如图 2-16 所示，单击"确定"按钮即可。

 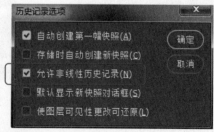

图 2-16 "历史记录选项"对话框

运用历史记录画笔工具

将历史记录画笔工具结合"历史记录"调板使用，可以轻松地将图像的某一区域恢复到某一步操作中，下面将举例说明。

举例说明——高山滑雪

（1）单击"文件"|"打开"命令，打开一幅素材图像，如图 2-17 所示。

（2）单击"滤镜"|"模糊"|"径向模糊"命令，弹出"径向模糊"对话框，设置"数量"值为 8，并选中"旋转"单选按钮和"好"单选按钮，单击"确定"按钮，效果如图 2-18 所示。

扫码观看教学视频

图 2-17　素材图像

图 2-18　径向模糊

（3）单击"窗口"|"历史记录"命令，弹出"历史记录"调板，在该调板中单击"径向模糊"操作步骤，即可将"径向模糊"状态下的图像设置为历史记录画笔源，如图 2-19 所示。

（4）选取工具箱中的历史记录画笔工具，或者按【Y】键，单击工具属性栏中"画笔"选项右侧的下拉按钮，在弹出的"画笔"调板中设置"主直径"值为 50 px、"硬度"值为 0%。

（5）移动鼠标指针至图像编辑窗口中，在人物图像处按住鼠标左键并拖动，使拖动处的图像恢复至应用"径向模糊"滤镜前的效果，如图 2-20 所示。

图 2-19　"历史记录"调板

图 2-20　拖曳后的效果

第
2
章

图
像
设
计
基
本
操
作

📖 **从磁盘上恢复图像状态**

对图像进行保存后，如果又对其进行了其他处理，而想将图像还原为当初保存时的状态，可单击"文件"|"恢复"命令。

2.2　控制图像显示

运行于 Windows 平台的应用软件（如 Photoshop CC 和 Word）的优点在于这些软件在使用方法等许多方面都是一样的，例如：文件的打开、关闭操作，菜单和工具的用法等，区别仅在于内容和功能的不同。

在 Photoshop CC 的工作区中，可以同时打开多个图像窗口，其中当前窗口会显示在最前面。根据工作需要，用户可能需要不断改变窗口的大小和位置、改变窗口的排列或在各窗口之间切换。本节将简要介绍这方面的知识。

2.2.1　改变窗口的大小和位置

当窗口未处于最大化状态时，拖动窗口标题栏可移动窗口的位置。

要调整窗口的尺寸，除了可以使用窗口右上角的"最小化"按钮■和"最大化"按钮▫（"还原"按钮）之外，还可以将鼠标指针移动到图像窗口的边框线上，此时鼠标指针变成↕、↔、↗、↖几种形状，然后按住鼠标左键并拖动，即可改变窗口的大小。

2.2.2　切换图像窗口

当打开多个图像文件时，可用以下 4 种方法切换图像窗口：

📖 **直接用鼠标切换**

将鼠标指针移动到另一个图像窗口上，单击鼠标左键即可将其置为当前图像窗口。

📖 **运用快捷键切换**

运用快捷键切换窗口有以下两种方法：
* 按【Ctrl＋Tab】组合键。
* 按【Ctrl＋F6】组合键。

📖 **运用菜单命令切换**

单击菜单栏中的"窗口"菜单，所弹出下拉菜单最下面的一个工作组中会列出当前打开的所有图像文件名称，文件名称的前面标✔符号的表示其为当前窗口，单击某一个文件名称，即可将其切换为当前图像窗口，如图 2-21 所示。

图 2-21 "窗口"菜单

2.2.3 切换屏幕显示

Photoshop CC 提供了以下 4 种显示模式：

❋ 单击工具箱中的"标准屏幕模式"按钮，即可切换至标准屏幕模式，如图 2-22 所示。

图 2-22 标准屏幕模式

❋ 单击工具箱中的"带有菜单栏的全屏模式"按钮，可切换至带有菜单栏的全屏模式，如图 2-23 所示。

图 2-23　　带有菜单栏的全屏模式

✵　单击工具箱中的"全屏模式"按钮 ▭，可切换至全屏模式，如图 2-24 所示。

专家指点

> 　按【F】键可以在上述 4 种显示模式之间进行切换；按【Tab】键，可以隐藏或显示工具箱及各控制调板；按【Shift + Tab】组合键，可在保留工具箱的情况下，显示或隐藏各浮动控制调板；按【Ctrl + R】组合键，可隐藏或显示标尺。

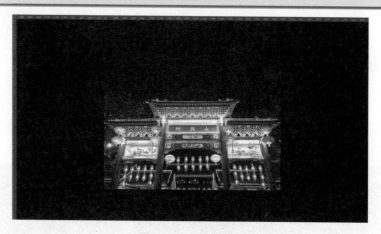

图 2-24　全屏模式

2.2.4　改变图像显示

在 Photoshop CC 软件中编辑或修改一幅图像时，常常要将其放大或缩小，以查看图像中的每一个细节，这些操作可用缩放工具 🔍、抓手工具 ✋ 和"导航器"调板来完成。

📖 运用缩放工具

使用工具箱中的缩放工具 🔍 可以以不同的缩放比例显示图像窗口中的图像。

（1）放大图像

选取工具箱中的缩放工具  ，或者按【Z】键、【Ctrl＋空格】组合键，鼠标指针会变为放大形状，移动指针到欲放大的图像上并单击鼠标左键，每单击一次，图像就会放大一个预定的百分比。当放大到 3200% 时，鼠标指针的中心将变为空白，表示已经达到最大的放大倍数，不能再放大了。

（2）缩小图像

选取工具箱中的缩放工具按钮 ，并激活属性栏中的"缩小"按钮 （或按住键盘中的【Alt】键），此时鼠标指针呈 形状，移动指针到欲缩小的图像上并单击鼠标左键，每单击一次，图像就会缩小一个预定的百分比。当图像缩小到一定的程度时，光标的中心也将变为空白，表示已经达到最小的状态，不能再缩小了。

📖 运用菜单命令

运用"视图"菜单中相应的命令，可以改变图像的显示比例。例如，可以执行放大、缩小、按屏幕大小缩放、实际像素、打印尺寸等命令以控制图像的显示，如图 2-25 所示。

图 2-25 "视图"菜单命令

📖 运用鼠标的滚轮

滑动鼠标的滚轮可以自由地控制图像的显示，向上滑动鼠标滚轮，则向上滚动图像显示；向下滑动鼠标滚轮，则向下滚动图像显示。

📖 运用快捷键

运用快捷键显示图像显示窗口的方法有以下 6 种：

※ 按【Ctrl＋－】组合键，可以将图像显示比例缩小 1/2。
※ 按【Ctrl＋Alt＋－】组合键，在缩小图像的同时自动调整窗口至合适的大小。
※ 按【Ctrl＋＋】组合键，可以将图像放大一倍显示。
※ 按【Ctrl＋Alt＋＋】组合键，可以在放大图像的同时自动调整窗口至合适的大小。
※ 按【Alt＋Ctrl＋0】组合键，可以使图像以 100% 的比例显示，其为"实际像素"命令

的快捷键。

　　✳　按【Ctrl＋0】组合键，将图像以最合适的比例完全显示。

2.2.5　控制图像窗口显示

　　控制图像窗口显示区域的方法有以下两种：

　　📖　运用抓手工具查看图像局部

　　选取工具箱中的抓手工具 🖐 或按【H】键，此时鼠标指针呈 ✋ 形状，将鼠标指针移动到图像窗口中并拖动，可查看图像的局部细节。

　　📖　运用"导航器"调板查看图像局部

　　单击"窗口"|"导航器"命令，显示"导航器"调板，如图 2-26 所示。

图 2-26　"导航器"调板

　　当图像超出当前窗口时，将鼠标指针移至"导航器"调板的缩览图区域，鼠标指针呈手形标记 ✋，拖曳鼠标，可调整图像窗口中所显示的图像区域。该调板中的红色方框表示在图像窗口中显示的图像区域。此外，可使用预览区下方的滚动条对图像进行缩放操作。

2.2.6　调整窗口排列的方式

　　在 Photoshop CC 中，当打开了多个图像窗口时，工作界面中默认的图像窗口显示状态为"层叠"，用户也可以设置为其他显示模式，例如：单击"窗口"|"排列"|"垂直平铺"命令，改变图像窗口的显示状态，如图 2-27 所示。

图 2-27　多个图像的排列效果

2.3　调整图像尺寸和分辨率

　　图像尺寸和分辨率是图像质量的重要因素。下面将介绍调整图像的大小与分辨率及旋转与翻转画布的相关知识。

2.3.1 调整图像分辨率

在使用 Photoshop CC 编辑图像时，可根据需要调整图像的尺寸和分辨率，其操作方法有如下两种：

❋ 命令：单击"图像"|"图像大小"命令。

❋ 快捷键：按【Ctrl＋Alt＋I】组合键。

举例说明——水仙花

调整图像尺寸和分辨率的具体操作步骤如下：

（1）单击"文件"|"打开"命令，打开一幅水仙花素材图像，如图 2-28 所示。

（2）单击"图像"|"图像大小"命令，弹出"图像大小"对话框，如图 2-29 所示。

图 2-28 素材图像　　　　　　图 2-29 "图像大小"对话框

该对话框中主要选项的含义如下：

❋ 图像大小：该选项区中显示的是当前图像所占用的内存大小。

❋ 尺寸：该选项区中显示的是当前图像的宽度和高度，决定了图像的尺寸，单位一般为像素，如果需要点击尺寸后面 ，可以修改图片的单位。

❋ 宽度和高度：通过改变该选项区中的"宽度"和"高度"值，可以调整图像在屏幕上的显示大小，同时图像的尺寸也相应发生了变化。

❋ 约束比例："宽度"和"高度"选项左边出现"锁链"图标 ，点击该图标，改变其中某一选项设置时，另一选项会按比例同时发生变化。

（3）单击"确定"按钮，返回到"图像大小"对话框，选项区中设置"宽度"值为 12.5 厘米、"高度"值为 8.87 厘米，单击"确定"按钮，即可将图像调整为希望的大小。

2.3.2 调整画布大小

有时需要的不是改变图像的显示或打印尺寸，而是对图像进行裁剪或增加空白区，此时，可通过"画布大小"对话框来进行调整。

调整画布大小有以下两种方法：

❋ 命令：单击"图像"|"画布大小"命令。

❋ 快捷键：按【Alt＋Ctrl＋C】组合键。

使用以上的任意一种方法，均可弹出"画布大小"对话框，如图 2-30 所示。

图 2-30 "画布大小"对话框

该对话框中主要选项的含义如下：

❋ 当前大小：该选项区显示当前图像的大小。

❋ 新建大小：该选项区用于设置画布的宽度和高度。

❋ 画布扩展颜色：在该下拉列表框中可以选择背景层扩展部分的填充色，也可直接单击其右侧的色彩方块，从弹出的"选择画布扩展颜色"对话框中设置填充的颜色。

2.3.3 旋转与翻转画布

当用户使用扫描仪扫描图像时，有时候得到的图像效果并不理想，常伴有轻微的倾斜现象，需要对其进行旋转与翻转以修复图像。单击"图像"|"图像旋转"子菜单中的命令，可对画布进行相应的旋转和翻转，如图 2-31 所示。

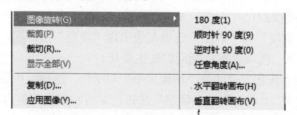

图 2-31 "图像旋转"子菜单

"图像旋转"子菜单中各命令的含义如下：

❋ 180 度：执行该命令，可以将图像旋转 180°。

❋ 90 度（顺时针）：执行该命令，可以将图像沿顺时针方向旋转 90°。

* 90 度（逆时针）：执行该命令，可以将图像沿逆时针方向旋转 90°。
* 任意角度：执行该命令，可弹出"旋转画布"对话框，在该对话框的"角度"数值框中自定义旋转角度。
* 水平翻转画布：执行该命令，可以对图像进行水平翻转操作。
* 垂直翻转画布：执行该命令，可以对图像进行垂直翻转操作。

使用以上部分命令，对图像进行旋转操作后的效果如图 2-32 所示。

原图

旋转 180°

顺时针旋转 90°

逆时针旋转 90°

图 2-32 旋转画布效果

2.4 图像的裁剪

用户可以通过设置画布大小来裁剪图像，但这种方式并不直观，下面将介绍 3 种更为实用的裁剪图像的方法。

2.4.1 使用裁剪工具裁剪图像

在进行图像处理的过程中，有时需要将倾斜的图像修剪整齐，或将图像边缘多余的部分裁去，这些操作均可使用裁剪工具来完成，下面将介绍裁剪工具的使用方法。

选取工具箱中的裁剪工具，其属性栏如图 2-33 所示。

图 2-33　裁剪工具属性栏

该工具属性栏中各主要选项的含义如下：

❋　比例：在进行裁剪之前可以调整图像的宽度和高度的比例。

❋　宽度/高度：在"宽度"和"高度"数值框中输入所需的数值，可对图像进行精确裁剪。

❋　清除：单击该按钮，可清除工具属性栏中所有数值框内的数值，即还原为默认值。

❋　拉直：点击该按钮，在所要调整的图像上拉出一条直线，根据这条直线的方向进行裁剪。

❋　设置裁剪工具的叠加选项：对裁剪工具进行调整，例如：三等分、网格、对角等形式，点击 ⊞ 右下角小三角即可出现如图 2-34 所示。

❋　设置其他裁剪选项：根据自己的习惯调整不同的裁剪形式，如图 2-35 所示。

❋　前面的图像：单击该按钮，可查看图像裁剪前的大小和分辨率。

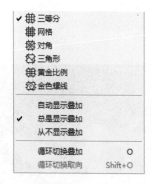

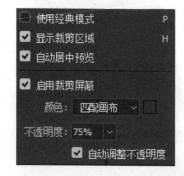

图 2-34　设置裁剪工具的叠加选项　　　　图 2-35　设置裁剪工具的其他选项

举例说明——魅力台球

（1）单击"文件"|"打开"命令，打开一幅台球素材图像，如图 2-36 所示。

图 2-36　素材图像

（2）选取工具箱中的裁剪工具，或者按【C】键，在图像中按住鼠标左键并拖动，得到一个裁剪范围，此时裁剪范围外部的图像将变暗，如图 2-37 所示。

（3）双击鼠标左键或按【Enter】键，即可裁去控制框以外的图像，如图 2-38 所示。

图 2-37　创建裁剪区域　　　　　图 2-38　裁剪效果

2.4.2　使用"裁剪"命令裁剪图像

使用选择工具创建选区，并配合使用"裁剪"命令，也可以对图像进行裁剪。如图 2-39 所示为运用"裁剪"命令裁剪图像前后的效果。

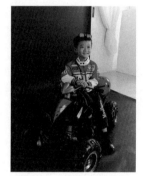

图 2-39　执行"裁剪"命令前后的效果

2.4.3　使用"裁切"命令裁剪图像

在 Photoshop CC 中，使用"裁切"命令可以将图像四周的空白内容直接裁剪。

举例说明——时尚手机

（1）单击"文件"|"打开"命令，打开一幅手机广告素材图像，如图 2-40 所示。

图 2-40　素材图像

（2）单击"图像"|"裁切"命令，弹出"裁切"对话框，在其中设置各项参数，如图 2-41 所示。

图 2-41 "裁切"对话框

该对话框中主要选项的含义如下：

❋ "基于"选项区：选择一种裁剪方式，基于颜色进行裁剪。若选中"透明像素"单选按钮，则修整掉图像边缘的透明区域，留下包含非透明像素的图像；若选中"左上角像素颜色"单选按钮，则从图像中移去左上角像素颜色的区域；若选中"右下角像素颜色"单选按钮，则从图像中移去右下角像素颜色的区域。

❋ "裁切掉"选项区：用于选择裁切的区域，包括顶、左、底和右 4 个复选框，如果选中所有的复选框，则会裁剪图像四周的空白区域。

（3）单击"确定"按钮，即可得到裁切的图像，效果如图 2-42 所示。

图 2-42 裁切图像效果

2.5 标尺、网格及参考线的使用

灵活掌握标尺、网格和参考线的使用方法，可以在绘制图像过程中精确地对图像进行定位和对齐。下面将详细讲解标尺、网格和参考线的使用方法。

2.5.1 使用标尺

在 Photoshop CC 中，为了便于在处理图像时能够精确定位鼠标指针的位置和对图像进行选择，可以使用标尺来协助完成相关操作，下面将分别进行介绍。

📖 **显示和隐藏标尺**

隐藏标尺有以下两种方法：

❋ 命令：单击"视图"|"标尺"命令。

❋ 快捷键：按【Ctrl＋R】组合键。

使用以上任意一种方法，均可显示或隐藏标尺，如图 2-43 所示。

图 2-43　显示和隐藏标尺

📖 **更改标尺原点**

将鼠标指针移动到图像窗口左上角的标尺交叉点上，按住鼠标左键并沿着对角线向下拖动，此时，将出现一个十字线跟随鼠标指针，释放鼠标，标尺上的新原点即为释放鼠标时鼠标指针的位置，如图 2-44 所示。

原标尺点位置　　　　　　　　　　　　　拖动标尺位置

图 2-44　更改标尺原点

📖 **还原标尺的设置**

在图像编辑窗口左上角的标尺交叉点处双击鼠标左键，即可将标尺还原到默认位置。

📖 **标尺的设置**

单击"编辑"|"首选项"|"单位与标尺"命令，或在图像窗口中的标尺上双击鼠标左键，

均可弹出"首选项"对话框，在此对话框中可以设置标尺的相关参数。

2.5.2　使用网格

网格同标尺的作用一样，也是为了便于用户精确地确定图像或元素的位置。

📖　显示网格

使用网格，用户可以沿着网格线的位置确定选取范围，以及移动和对齐对象，常用于标识。
显示网格有以下两种方法：

❋　命令：单击"视图"|"显示"|"网格"命令。

❋　快捷键：按【Ctrl＋"】组合键。

使用以上任意一种方法，均可显示网格，如图 2-45 所示。

图 2-45　显示网格

📖　隐藏网格

隐藏网格有如下两种方法：

❋　命令：单击"视图"|"显示"|"网格"命令，可隐藏网格，如图 2-46 所示。

图 2-46　"网格"命令

❋　快捷键：当不需要显示网格时，再次按【Ctrl＋"】组合键，即可隐藏网格。

第2章　图像设计基本操作

📖 对齐到网格

单击"视图"|"对齐到"|"网格"命令，这样当移动对象时就会自动对齐网格，而且在创建选取区域时会自动贴紧网格线进行选取。

📖 网格的设置

单击"编辑"|"首选项"|"参考线、网格、切片和计数"命令，弹出"首选项"对话框，在"网格"选项区中可以设置网格的颜色、样式、网格线间隔及子网格的数目。

2.5.3　使用参考线

参考线是浮在整个图像上不可打印的线，用于对图像进行精确定位和对齐。用户可以移动或删除参考线，也可以锁定参考线。

📖 创建参考线

创建参考线有以下两种方法：

※　命令：单击"视图"|"新建参考线"命令，弹出"新建参考线"对话框，如图2-47所示。选中"水平"或"垂直"单选按钮，在"位置"数值框中输入参数，单击"确定"按钮，即可在当前图像中的指定位置添加参考线，如图2-48所示。

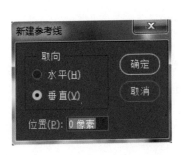

图2-47　"新建参考线"对话框　　　　　　　图2-48　添加参考线

※　快捷键：按【Ctrl+R】组合键，显示标尺，然后在标尺上按住鼠标左键的同时拖动鼠标到图像窗口中合适的位置，即可添加一条参考线。

📖 显示与隐藏参考线

显示与隐藏参考线有以下两种方法：
※　命令：单击"视图"|"显示"|"参考线"命令。
※　快捷键：按【Ctrl+;】组合键，即可显示或隐藏参考线。

📖 移动与删除参考线

选取工具箱中的移动工具➕，移动鼠标指针至图像编辑窗口中的参考线上，此时鼠标指针将呈"⬍"或"⬌"双向箭头形状，按住鼠标左键并拖动，即可移动参考线。当需要删

除参考线时，可用鼠标将参考线拖动至标尺外；当要删除全部参考线时，可以单击"视图"|"清除参考线"命令。

 **专家指点**

> 按住【Shift】键的同时拖动参考线，可使参考线与标尺上的刻度对齐；按住【Alt】键的同时拖动参考线，可将参考线从水平方向改为垂直方向，或从垂直方向改为水平方向。

📖 **对齐参考线**

单击"视图"|"对齐到"|"参考线"命令，可将移动的图像自动对齐到参考线，或者在选取区域时自动沿参考线进行选取。

📖 **锁定参考线**

锁定参考线有以下两种方法：

❋ 命令：单击"视图"|"锁定参考线"命令。

❋ 快捷键：按【Alt＋Ctrl＋;】组合键。

📖 **参考线的设置**

单击"编辑"|"首选项"|"参考线、网格、切片和计数"命令，弹出"首选项"对话框，在"参考线"选项区中可以设置参考线的颜色及样式。

2.5.4 显示或隐藏额外内容

额外内容是指打印不出来的参考线、网格、目标路径、选区边缘、切片、图像映射、文本边界、文本基线、文本选区和注释等，使用它们有利于用户选择、移动或编辑图像和对象。

在打开或关闭一项额外内容或额外内容的任意组合时，对图像没有任何影响。用户可以单击"视图"|"显示额外内容"命令来显示或隐藏额外内容。

隐藏额外内容只是禁止显示内容，并不关闭这些选项。

📖 **显示或隐藏额外内容**

单击"视图"|"显示"命令，该子菜单中额外内容的左侧显示"√"标记，表示当前的内容为显示状态；若没有该标记，表示当前的内容为隐藏状态。

📖 **显示或隐藏所有的可用额外内容**

显示或隐藏所有的可用额外内容的方法有以下3种：

❋ 命令1：如果要显示所有的可用额外内容，可单击"视图"|"显示"|"全部"命令；要关闭并隐藏所有的额外内容，可单击"视图"|"显示"|"无"命令。

❋ 命令2：单击"视图"|"显示额外内容"命令。

❋ 快捷键：按【Ctrl＋H】组合键。

习 题

一、填空题

1. 中文版 Photoshop CC 系统提供 4 种显示模式，分别是_____、_____、_____和_____。

2. 按_____组合键，可以在放大图像的同时自动调整窗口的大小；按_____组合键，可以使图像以 100% 的比例显示；按_____组合键，可将图像以最合适的比例完全显示。

3. 要调整窗口的尺寸，除了可以使用窗口右上角的"_____"按钮和"_____"按钮之外，还可以将鼠标指针移动到图像窗口的边框线上，鼠标指针呈双向箭头形状时，按住鼠标左键不放拖动窗口，即可改变_____。

二、简答题

1. 打开图像文件有哪几种方法？
2. 改变图像的显示有哪几种方法？
3. 创建参考线有哪几种方法？

三、上机操作

1. 练习新建文件和置入图像的操作。
2. 练习几种裁剪图像的操作。

第3章 选区的创建、编辑与应用

■本章概述

本章主要介绍如何运用工具和命令创建选区，以及选区的基本操作、编辑和应用。

■方法集锦

创建选区 11 种方法	移动选区 2 种方法	反向选区 3 种方法
取消选区 3 种方法	重新选择 2 种方法	隐藏和显示选区 2 种方法
添加到选区 2 种方法	从选区减去 2 种方法	与选区交叉 2 种方法
羽化选区 3 种方法	基于颜色扩大选区 2 种方法	描边选区 2 种方法
剪切图像 2 种方法	拷贝图像 2 种方法	合并复制图像 2 种方法
粘贴图像 2 种方法	贴入图像 2 种方法	清除选区内图像 2 种方法

3.1 选区的创建

在 Photoshop CC 中编辑图像，通常不是针对整个图像，而是对图像的局部进行处理，因此选区功能就显得尤为重要。在 Photoshop CC 中，创建选区的工具有多种，使用这些工具可以按照不同的形式来选定图像的局部区域并对其进行调整或效果处理。下面将介绍创建选区的 11 种方法。

3.1.1 使用选框工具创建几何选区

选框工具组位于工具箱的左上角，将鼠标指针移动到默认的矩形选框工具██上，单击鼠标右键就会弹出选框工具列表，其中包括 4 种工具，即矩形选框工具、椭圆选框工具、单行选框工具和单列选框工具，如图 3-1 所示。

图 3-1　选框工具组

 📖 矩形选框工具

使用矩形选框工具可以建立矩形选区，该工具是区域选择工具中最基本、最常用的工具。选取工具箱中的矩形选框工具，其属性栏如图 3-2 所示。

图 3-2　矩形选框工具属性栏

该工具属性栏中各主要选项的含义如下：

❋ 选区运算方式：分别表示新选区、添加到选区、从选区减去和与选区交叉，选择不同的方式，所获得的选择区域也不相同。

❋ 羽化：在该数值框中输入数值，可以设置所选区域的边界的羽化程度。

❋ 消除锯齿：选中该复选框，可以将所选区域的边界的锯齿边缘消除。

❋ 样式：该下拉列表框中包括 3 个选项，分别是"正常"、"固定比例"和"固定大小"。若选择"正常"选项，可通过拖曳鼠标确定选区大小；若选择"固定比例"选项，可在其右侧的"宽度"和"高度"数值框中输入所需要的数值，即可决定选区宽度和高度的比值；若选择"固定大小"选项，则可创建固定大小的选区。

举例说明——制作名片背景效果

（1）单击"文件"|"打开"命令，打开一幅名片素材图像，如图 3-3 所示。

（2）设置前景色为白色、背景色为绿色（RGB 参数值分别为 17、146、109），单击"图层"调板底部的"创建新图层"按钮，创建一个新图层，按【Ctrl＋[】组合键，将创建的新图层置于最底层。

扫码观看教学视频

（3）选取工具箱中的矩形选框工具 ，移动鼠标指针至图像编辑窗口左上角处，按住鼠标左键并向右下角拖动，至合适位置后释放鼠标，创建一个矩形选区，如图 3-4 所示。

图 3-3　素材图像

图 3-4　创建的矩形选区

（4）按【Alt＋Delete】组合键，对创建的选区填充前景色，单击"选择"|"取消选择"命令取消选区，效果如图 3-5 所示。

（5）在图像的底部按住鼠标左键并向右拖动，创建一个矩形选区，然后按【Ctrl＋Delete】组合键，对创建的选区填充设置的背景色，并取消选区，效果如图 3-6 所示。

图 3-5　填充前景色并取消选区

图 3-6　填充背景色并取消选区

📖 椭圆选框工具

工具箱中的椭圆工具可用于创建椭圆和正圆选区。该工具属性栏中包含新选区、添加到

第3章 选区的创建、编辑与应用

选区、从选区减去、与选区交叉、羽化、消除锯齿和样式选项等，与矩形选框工具的工具属性栏基本相同，如图 3-7 所示。

○ ∨ ■ ■ ■ ■ 羽化：0 像素 ☑ 消除锯齿 样式：正常 ∨ 宽度： ⇄ 高度： 选择并遮住 …

图 3-7　椭圆选框工具属性栏

该工具属性栏中的"消除锯齿"复选框处于可用状态，而在选取矩形选框工具时其呈灰色状态不可用。在 Photoshop CC 中处理的位图图像由像素点组成，所以在编辑修改图像时其边缘会出现锯齿现象。选中该复选框后，无论是填充还是删除选区图像，均可使图像的锯齿边缘变得平滑。

运用椭圆选框工具创建正圆选区，反选选区并删除选区内的图像，制作水仙花广告效果，如图 3-8 所示。

图 3-8　水仙花广告效果示意图

使用矩形选框工具和椭圆选框工具创建选区时，使用以下方法，可以使操作更加方便快捷：

* 按住【Shift】键的同时拖曳鼠标，可创建一个正方形或正圆选区。
* 若按住【Alt】键，将以鼠标起点位置为中心，创建矩形或椭圆选区。
* 若按住【Alt＋Shift】组合键，将以鼠标起点为中心，创建正方形或正圆选区。

📖 **单行选框工具**

单行选框工具可用于选择图像中水平向上 1 像素高的区域，一般用于比较细微的选择。

选取工具箱中的单行选框工具，在图像编辑窗口中单击鼠标左键，即可在图像上创建 1 像素高的选择区域，如图 3-9 所示。

📖 **单列选框工具**

单列选框工具用于选取图像中的一列像素，如图 3-10 所示。其使用方法与单行选框工具相同。

图 3-9　创建单行选区

图 3-10　创建单列选区

3.1.2　使用套索工具创建自由选区

套索工具组中的工具主要用于创建不规则的图像区域，分别为套索工具、多边形套索工具和磁性套索工具，如图 3-11 所示。

图 3-11　套索工具组

📖 套索工具

套索工具对于绘制选区边框的手绘线段十分有用，可以用来选择不规则的图像区域。
选取工具箱中的套索工具，其属性栏如图 3-12 所示。

图 3-12　套索工具属性栏

该工具属性栏中各主要选项的含义如下：

✳　"羽化"数值框：根据输入的数值，使选区内部边界和外部边界柔化。该数值决定了羽化边界的宽度（以像素为单位），输入 0 时表示不对边界进行柔化。

✳　"消除锯齿"复选框：该复选框在默认情况下处于选中状态，用于消除选区边缘的锯齿。

专家指点

　　使用套索工具创建选区的过程中，按住【Alt】键，套索工具即转换成多边形套索工具，可以当做多边形套索工具使用。

📖 多边形套索工具

使用多边形套索工具可以创建一些三角形、多边形和星形等形状的选区，适用于边界多为直线或边界复杂的图像。选取工具箱中的多边形套索工具后，只需在图像编辑窗口中单击图像边缘上的不同位置，系统会自动将这些点连接起来。

扫码观看教学视频

举例说明——相框

（1）按【Ctrl＋O】组合键，打开一幅相框和街道景色素材图像，如图3-13所示。

图 3-13　素材图像

（2）选取工具箱中的多边形套索工具，移动鼠标指针至相框图像处，在白色图像的左上角处单击鼠标左键，确认起始点，依次在白色图像边缘的不同位置处单击鼠标左键，当终点和起点重合时，鼠标指针呈 形状，单击鼠标左键，创建封闭的多边形选区，如图 3-14 所示。

（3）确认相框素材图像为当前编辑窗口，单击"选择"|"全部"命令，全选图像，单击"编辑"|"拷贝"命令，拷贝选区中的图像；确认"街道美景"为当前工作图像，单击"编辑"|"选择性粘贴"|"贴入"命令，贴入拷贝的图像，并调整其大小及位置，效果如图3-15所示。

图 3-14　创建多边形选区　　　　图 3-15　最终效果

专家指点

在创建选区的过程中，若希望结束添加套索路径的点，可以按【Ctrl】键的同时单击鼠标左键，或双击鼠标左键，即可创建一个选区。

📖 磁性套索工具

磁性套索工具适用于快速选择与背景对比强烈并且边缘复杂的对象，它可以沿着图像的边缘生成选区。

按【Shift＋L】组合键，切换到磁性套索工具，其属性栏如图 3-16 所示。

羽化: 0 像素　☑消除锯齿　宽度: 10 像素　对比度: 10%　频率: 57　选择并遮住 …

图 3-16　磁性套索工具属性栏

该工具属性栏中各主要选项的含义如下：

❋ "宽度"数值框：用于设置磁性套索工具检测的边缘宽度，其取值范围为 1～40 像素，数值越小选取的图像越精确。

❋ "对比度"数值框：用于设置磁性套索工具的边缘反差，其取值范围为 1%～100%，数值越大选取的范围越精确。

❋ "频率"数值框：用于设置创建选区时的节点数目，即在选取时产生了多少节点。其取值范围为 0～100，数值越大产生的节点越多。

❋ 压力笔 ⬲：当使用钢笔绘图板来绘制与编辑图像时，如果选择了该选项，则增大钢笔压力时将导致边缘宽度减小。

运用磁性套索工具制作电脑屏幕的效果如图 3-17 所示。

图 3-17　运用磁性套索工具

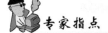 专家指点

在使用磁性套索工具创建选区时，如果需要临时切换至套索工具，可以按住【Alt】键；如果需要临时切换至多边形套索工具，可以按住【Alt】键并单击鼠标左键。

3.1.3　使用魔棒工具创建颜色相近的选区

在 Photoshop CC 中，魔棒工具是一种常用的工具，使用该工具可以创建一些较特殊的选区。该工具根据颜色的相似性来选择区域。

选取工具箱中的魔棒工具，其属性栏如图 3-18 所示。

取样大小: 取样点　容差: 25　☑消除锯齿　☐连续　☐对所有图层取样　选择并遮住 …

图 3-18　魔棒工具属性栏

该工具属性栏中各主要选项的含义如下：

❋ "容差"数值框：确定选取像素的差异，取值范围为 0～255。数值越小，选取的颜色范围越接小；数值越大，选取的颜色范围越广。

❋ "连续"复选框：选中该复选框，在图像上单击一次，只能选中与单击处相邻并且颜色相同的像素。取消选择该复选框，在图像上单击一次，即可选取图像中所有与单击处颜色相同或相近的像素。

❋ "对所有图层取样"复选框：选中该复选框，可以在所有可见图层上选取相近的颜色；若取消选择该复选框，则只能在当前可见图层上选取颜色。

3.1.4　使用"色彩范围"命令创建选区

使用"色彩范围"命令可根据色彩的相似程度生成选区，与魔棒工具不同的是：魔棒工具是根据采样点的周围区域图像的色彩相似程度来形成一个选区，而"色彩范围"命令是从整个图像中提取相似的色彩并形成一个选区。

举例说明——柿子叶子

（1）单击"文件"|"打开"命令，打开一幅柿子素材图像，如图 3-19 所示。

（2）单击"选择"|"色彩范围"命令，弹出"色彩范围"对话框，如图 3-20 所示。

图 3-19　素材图像　　　　　图 3-20　"色彩范围"对话框

"色彩范围"对话框中各主要选项的含义如下：

❋ 选择：在该下拉列表框中可以选择颜色或色调范围，也可以选择取样颜色。

❋ 颜色容差：在该数值框中输入一个数值或拖曳滑块以改变数值框中的值，可以调整颜色范围。要减小选中的颜色范围，可将数值减小。

❋ 选区预览：在该下拉列表框中选择相应的选项，可更改选区的预览方式，其中的选项包括：无、灰度、黑色杂边、白色杂色和快速蒙版。

（3）移动鼠标指针至图像窗口或预览框中的黄色叶子上（此时鼠标指针呈吸管工具形状），单击鼠标左键，以取样颜色，如图 3-21 所示。

（4）单击"色彩范围"对话框中的"添加到取样"按钮 ，移动鼠标指针至图像编辑窗口的黄色叶子上，单击鼠标左键添加取样颜色，并设置"色彩范围"对话框中的"颜色容差"值 47，此时，"色彩范围"对话框如图 3-22 所示。

图 3-21　取样颜色　　　　　　　图 3-22　"色彩范围"对话框

（5）单击"确定"按钮，创建的选区如图 3-23 所示。

（6）单击"图像"|"调整"|"色相/饱和度"命令，弹出"色相/饱和度"对话框，设置"色相"为 43、"饱和度"为 8、"明度"为 0，单击"确定"按钮，执行"色相/饱和度"命令，按【Ctrl＋D】组合键，取消选区，效果如图 3-24 所示。

图 3-23　创建的选区　　　　　　图 3-24　图像效果

3.1.5　使用"全部"命令创建选区

运用"全部"命令创建选区有以下两种方法：

❋　命令：单击"选择"|"全部"命令。

❋　快捷键：按【Ctrl＋A】组合键。

3.1.6　使用"快速蒙版"创建选区

快速蒙版模式是另一种非常有效的制作选区的方法。在快速蒙版编辑模式下，用户可以使用画笔工具和橡皮擦工具等编辑蒙版，然后将蒙版转换为选区。

双击工具箱中"以快速蒙版模式编辑"按钮 ▣，弹出"快速蒙版选项"对话框，如图 3-25 所示。

图 3-25 "快速蒙版选项"对话框

该对话框中各主要选项的含义如下：

❋ 被蒙版区域：选中该单选按钮，表示将在蒙版区（非选区）内显示颜色。
❋ 所选区域：选中该单选按钮，表示将在选区内显示颜色。
❋ 颜色：用于设置蒙版选区的颜色。
❋ 不透明度：用于设置蒙版的不透明度。

举例说明——影像文化

（1）按【Ctrl+O】组合键，打开一幅照相机素材图像，如图 3-26 所示。

（2）单击"图层"|"新建"|"通过拷贝的图层"命令，复制"背景"图层，得到一个新图层——"图层 1"，单击"图层"调板中"背景"图层名称前面的"指示图层可视性"图标，隐藏"背景"图层。

（3）单击工具箱中的"以快速蒙版模式编辑"按钮，切换至快速蒙版编辑模式。选取工具箱中的画笔工具，在其属性栏中设置画笔"主直径"值为 150 px、"硬度"值为 0%。

（4）移动鼠标指针至图像窗口中的背景图像处，按住鼠标左键并拖动，此时鼠标指针所经过处将以红色显示，依次在其他的位置处进行涂抹，效果如图 3-27 所示。

图 3-26 素材图像   图 3-27 涂抹效果

（5）单击工具箱中的"以标准模式编辑"按钮，切换至标准编辑模式，系统自动将被蒙版的区域转换为选区，如图 3-28 所示。

（6）单击"图层"调板底部的"添加图层蒙版"按钮，为"图层 1"添加蒙版，以抠取相机素材图像，如图 3-29 所示。

图 3-28 转换成的选区   图 3-29 添加图层蒙版效果

3.2 选区的基本操作

扫码观看本节视频

在 Photoshop CC 中，用户可以创建精确的选择区域，还可以对已有的选区进行多次修改，如移动和反向选区、存储和载入选区、取消和重新选择选区、隐藏和显示选区等。

3.2.1 移动和反向选区

使用 Photoshop CC 处理图像时，需要对选区进行移动和反向的操作，使图像更加符合设计的需要。

📖 移动选区

移动选区有以下两种方法：

❈ 使用鼠标移动选区：在图像窗口中，使用椭圆选框工具创建选区，在工具属性栏单击"新选区"按钮，然后将鼠标指针移动到选区内，待鼠标指针呈 ▷:: 形状时，按住鼠标左键并拖动，即可移动创建的选区，如图 3-30 所示。在移动选区时，一定要使用选择工具，如果当前工具是移动工具 ▷⊕，那么移动的将是选区内的图像。

图 3-30 移动选区

❈ 通过键盘移动选区：使用键盘上的【↑】、【↓】、【←】和【→】4 个方向键可以精确地移动选区，每按一次可以移动 1 像素的距离。

专家指点

> 移动选区时，若按【Shift + 方向键】组合键，可移动 10 像素的距离；若按住【Ctrl】键移动选区，则移动选区内的图像。

📖 反向选区

当需要选择当前选区外部的图像时，可使用"反向"命令，其操作方法有以下 3 种：

❈ 命令：单击"选择"|"反向"命令。

❈ 快捷键：按【Ctrl＋Shift＋I】组合键。

❈ 快捷菜单：在图像窗口中的任意位置处单击鼠标右键，在弹出的快捷菜单中选择"选择反向"选项。

创建选区并反向后的效果如图 3-31 所示。

图 3-31　反向选区

3.2.2　存储和载入选区

在图像处理及绘制过程中，可以对创建的选区进行保存，以便于以后的操作和使用，下面将分别介绍存储和载入的方法。

📖 存储选区

在图像编辑窗口中创建一个选区，单击"选择"|"存储选区"命令，弹出"存储选区"对话框，如图 3-32 所示，单击"确定"按钮即可。

图 3-32　存储选区

该对话框中各主要选项的含义如下：

※　文档：该下拉列表框中显示当前打开的图像文件名称及"新建"选项。若选择"新建"选项，则新建一个图像编辑窗口来保存选区。

※　通道：用来选择保存选区内的通道。若是第一次保存选区，则只能选择"新建"选项。

※　名称：用于设置新建 Alpha 通道的名称。

※　操作：用于设置保存选区与原通道中选区的运算操作。

📖 载入选区

当选区被存储后，单击"选择"|"载入选区"命令，弹出"载入选区"对话框，如图 3-33 所示。

图 3-33　"载入选区"对话框

该对话框中各主要选项的含义如下：

❋ 文档：选取文件来源。

❋ 通道：选取包含要载入选区的通道。

❋ 反相：使非选定区域处于选中状态。

❋ 新建选区：添加载入的选区。

❋ 添加到选区：将载入的选区添加到现有选区中。

❋ 从选区中减去：在已有的选区中减去载入的选区，从而得到新选区。

❋ 与选区交叉：可以将图像中的选区和载入选区的相交部分生成新选区。

3.2.3 取消和重新选择选区

在图像中创建选区后，如果想对图像其他部位进行操作，有以下操作方法：

📖 取消选区

取消选区有以下 3 种方法：

❋ 命令：单击"选择"|"取消选择"命令。

❋ 快捷键：按【Ctrl+D】组合键。

❋ 快捷菜单：在创建的选区中单击鼠标右键，在弹出的快捷菜单中选择"取消选择"选项。

📖 重新选择

重新选择选区有以下两种方法：

❋ 命令：单击"选择"|"重新选择"命令。

❋ 快捷键：按【Shift+Ctrl+D】组合键。

3.2.4 隐藏和显示选区

当图像中创建了选区时，可以将选区隐藏或显示，这样操作起来更加方便。

隐藏和显示选区有以下两种方法：

❋ 命令：单击"视图"|"显示"|"选区边缘"命令。

❋ 快捷键：按【Ctrl+H】组合键。

3.2.5 添加、减去与交叉选区

使用选区创建工具创建选区后，还可对其进行编辑，如增加、减去或交叉选区等，下面将对这些操作进行详细介绍。

📖 添加到选区

进行范围选择时，常常会进行增加选区的设置。

添加到选区有以下两种方法：

❀ 按钮：选取工具箱中的椭圆选框工具，在图像上按住鼠标左键并拖动，绘制圆形选区，在工具属性栏中单击"添加到选区"按钮 ，绘制另一个椭圆选区，效果如图 3-34 所示。

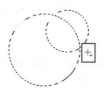

图 3-34　添加到选区

❀ 快捷键：当图像编辑窗口中存在选区时，选取工具箱中的选区创建工具，按住【Shift】键拖曳鼠标以创建选区，可增加选区。

📖 从选区减去

在对选区进行设置时，有时选择的范围不够准确，这时可以减少选区范围。

从选区减去选择范围有以下两种方法：

❀ 按钮：选取工具箱中的椭圆选框工具，在工具属性栏中单击"从选区减去"按钮 ，鼠标指针呈 ⊹ 形状，在圆形选区的基础上绘制圆形选区，即可从选区中减去选区，如图 3-35 所示。

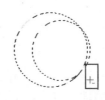

图 3-35　从选区减去

❀ 快捷键：当图像编辑窗口中存在选区时，选取工具箱中的选区创建工具，按住【Alt】键的同时拖曳鼠标，可减少选区。

📖 与选区交叉

与选区交叉有以下两种方法：

❀ 按钮：选取工具箱中的矩形选框工具，在工具属性栏中单击"与选区交叉"按钮 ，鼠标指针呈 ⊹ 形状，在圆形选区的基础上绘制矩形选区，即可得到交叉选区，如图 3-36 所示。

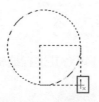

图 3-36　与选区交叉

❀ 快捷键：当图像编辑窗口中存在选区时，选取工具箱中的选区创建工具，按住【Shift＋Alt】组合键拖曳鼠标以创建选区，即可得到交叉选区。

3.3 修改选择区域

在当前文件中创建选择区域以后，有时为了作图的精确性，要对已创建的选择区域进行修改，使之更符合作图要求。下面介绍对选择区域进行修改的一些方法和命令。

3.3.1 羽化选区

羽化是图像处理中经常用到的操作。羽化效果可以在选区和背景之间建立一条模糊的过渡边缘，使选区产生"晕开"的效果。过渡边缘的宽度即为"羽化半径"，以"像素"为单位。

设置羽化半径有以下 3 种方法：

* 命令：单击"选择"|"修改"|"羽化"命令。
* 快捷键：按【Alt＋Ctrl＋D】组合键。
* 属性栏：在选区工具属性栏中设置"羽化"数值。

举例说明——灯中佳人

（1）按【Ctrl＋O】组合键，打开人物素材图像和灯泡素材图像，如图 3-37 所示。

（2）选取工具箱中的椭圆选框工具，移动鼠标指针到人物图像窗口中，按住鼠标左键并拖动，创建一个椭圆选区，如图 3-38 所示。

（3）单击"选择"|"修改"|"羽化"命令，弹出"羽化选区"对话框，设置"羽化半径"值为 40 像素，如图 3-39 所示。单击"确定"按钮，羽化选区。

图 3-37 素材图像

图 3-38 创建椭圆选区　　　　图 3-39 "羽化选区"对话框

（4）单击"编辑"|"拷贝"命令，拷贝选区内的图像。确认灯泡素材图像为当前图像，选取工具箱中的魔棒工具，并在工具属性栏中设置"容差"为50，移动鼠标指针至图像窗口白色处并单击鼠标左键，创建一个如图3-40所示的选区。

（5）按【Alt＋Ctrl＋D】组合键，弹出"羽化选区"对话框，设置"羽化半径"值为6像素，单击"确定"按钮，羽化选区；单击"编辑"|"选择性粘贴"|"贴入"命令，将拷贝的图像贴入选区内，并调整图像的大小及位置，效果如图3-41所示。

图3-40　魔棒工具创建的选区　　　　图3-41　图像效果

3.3.2　扩展或收缩选区

若用户对创建的选区不满意，可以用扩展或收缩命令调整选区。

📖 扩展

使用"扩展"命令，可以扩大当前选择区域，"扩展量"数值越大，选择区域的扩展量越大。单击"选择"|"修改"|"扩展"命令，弹出"扩展选区"对话框，在该对话框中设置"扩展量"值为10像素，单击"确定"按钮，即可对选区进行扩展，如图3-42所示。

图3-42　原选区与扩展后的选区

📖 收缩

使用"收缩"命令，可以将当前选区缩小，"收缩量"数值越大，选择区域的收缩量越大。单击"选择"|"修改"|"收缩"命令，弹出"收缩选区"对话框，在该对话框中设置"收

缩"值为 40 像素，单击"确定"按钮，即可对选区进行收缩，如图 3-43 所示。

图 3-43　原选区与收缩后的选区

3.3.3　边界和平滑选区

　　使用"边界"命令可以在选区边缘新建一个选区，而使用"平滑"命令可以使选区边缘平滑。一般通过"边界"和"平滑"命令可使图像中选区的边缘更加完美。

　　📖 边界

　　使用"边界"命令，可以修改选择区域边缘的像素宽度，执行该命令后，选择区域只有虚线包含的边缘轮廓部分，不包括选择区域中的其他部分。

　　单击"选择"|"修改"|"边界"命令，弹出"边界选区"对话框，在该对话框中设置"宽度"值为 25 像素，单击"确定"按钮，即可执行"边界"命令，如图 3-44 所示。

图 3-44　原选区与边界选区

　　📖 平滑

　　"平滑"命令用于平滑选区的尖角和去除锯齿。单击"选择"|"修改"|"平滑"命令，弹出"平滑选区"对话框，在该对话框中设置"取样半径"值为 100 像素，单击"确定"按钮，即可对选区进行平滑处理，如图 3-45 所示。

图 3-45   原选区与平滑选区

3.3.4   基于颜色扩大选区

"扩大选取"命令可以根据已经存在的选区中的颜色和相似程度扩大选区，而"选取相似"命令是根据图像中不连续但色彩相近的像素扩充至已经存在的选区内，并不仅限于相邻的区域。

📖 扩大选区

使用"扩大选取"命令，可以根据当前选区中的颜色和相似程度扩大选区，其选取颜色的近似程度由魔棒工具属性栏中"容差"值决定，如图 3-46 所示。

图 3-46   原选区与扩大后的选区

📖 选取相似

使用"选取相似"命令，可以选择包含整个图像中位于容差范围内的像素，而不只是相邻的像素，如图 3-47 所示。

图 3-47   原选区与执行"选取相似"命令后的选区

3.3.5 变换选区

创建一个图像选区后，单击"选择"|"变换选区"命令，选区边缘会出现自由变形框，用户可以拖动该变形框上的 8 个控制柄，对选区进行变换，如图 3-48 所示。

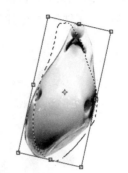

图 3-48　变换选区

3.4　选择区域的应用

创建选择区域之后，可以根据需要进一步调整选区，例如，移动、剪切、拷贝和粘贴选区内的图像，定义选区图像为图案等。

3.4.1 移动选区内的图像

创建选区后，可以将选区内的图像移至图像编辑窗口中的合适位置。要移动选区，只需将鼠标指针移至选区内，当鼠标指针底部呈 ▶ 形状时，拖曳鼠标即可。

📖 在当前图像窗口中移动

要在当前图像窗口中移动图像，首先需要创建选择区域，然后使用移动工具移动选区内的图像到合适的位置即可，效果如图 3-49 所示。

图 3-49　运用移动工具移动图像前后的效果

📖 移动至另一图像窗口中

在进行图像处理时，经常需要将当前选区图像移至另一个图像窗口中进行合成，从而使效果更加精美、完整。

举例说明——魅力纹身

（1）单击"文件"|"打开"命令，打开鲜花和人物素材图像，如图 3-50 所示。

图 3-50　素材图像

（2）确认鲜花图像为当前编辑图像，选取工具箱中的移动工具，移动鼠标指针至图像窗口，按住鼠标左键，直接将其拖到人物图像窗口中，如图 3-51 所示。

（3）按【Ctrl＋T】组合键，调出变换控制框，将鼠标指针置于任意控制柄上，按住【Shift＋Ctrl】组合键向内拖曳鼠标，调整到合适的位置，按【Ctrl＋Enter】组合键，确认变换操作；在"图层"调板中设置图层的混合模式为"正片叠底"，效果如图 3-52 所示。

图 3-51　移动图像　　　　　　　　　图 3-52　图像效果

3.4.2　描边选区内的图像

使用"描边"命令可以为图像添加不同颜色和宽度的边框，以增强图像的视觉效果。

描边图像的方法有以下两种：

❋ 命令：单击"编辑"|"描边"命令，在弹出的"描边"对话框中，设置相应的参数，单击"确定"按钮即可。

❋ 右键菜单：在图像编辑窗口中单击鼠标右键，在弹出的快捷菜单中选择"描边"选项。

使用"描边"命令对选区进行描边的效果如图 3-53 所示。

图 3-53　描边图像前后的效果

3.4.3　剪切、拷贝和粘贴选区内的图像

一幅完整的设计作品是由多幅不同的图像组成的，有些图像是相同或相似的，若逐个进行绘制会很浪费时间，有时还需要对对象进行调整与管理，所以需要掌握一些图像基本操作命令的使用技巧，这对以后操作复杂图形图像有很大的帮助，如剪切、拷贝、粘贴和合并复制图像等，下面将对其进行简要介绍。

📖 剪切图像

剪切选区内的图像有以下两种方法：

❋ 命令：单击"编辑"|"剪切"命令，可剪切选区内的图像。

❋ 快捷键：按【Ctrl＋X】组合键。

📖 拷贝图像

拷贝选区内的图像有以下两种方法：

❋ 命令：单击"编辑"|"拷贝"命令，可以复制选区内的图像。复制后选区图像的副本将被放入剪贴板中，原图像不会发生变化。

❋ 快捷键：按【Ctrl＋C】组合键。

运用"拷贝"命令对选区内图像进行复制，效果如图 3-54 所示。

图 3-54　复制图像

📖 合并复制图像

使用"合并拷贝"命令可以将选区内所有可见图层的图像合并到一个图层中，并将它们放入剪贴板中，相当于执行"拼合图像"命令。

合并复制选区内的图像有以下两种方法：

❋ 命令：单击"编辑"|"合并拷贝"命令。

❋ 快捷键：按【Ctrl＋Shift＋C】组合键。

📖 粘贴图像

粘贴选区内的图像有以下两种方法：

❋ 命令：单击"编辑"|"粘贴"命令，可以将复制或剪切的选区图像粘贴到图像的另一部分中，或者将其作为新图层粘贴到另一个图像中。

❋ 快捷键：按【Ctrl＋V】组合键。

📖 贴入图像

使用"贴入"命令，可以将复制或剪切的选区图像粘贴到同一幅图像或不同幅图像的选区中。

贴入选区内的图像有以下两种方法：

❋ 命令：单击"编辑"|"贴入"命令。

❋ 快捷键：按【Ctrl＋Shift＋V】组合键。

举例说明——油菜花语

（1）按【Ctrl＋O】组合键，打开电视机和油菜花素材图像，如图 3-55 所示。

图 3-55　素材图像

（2）确认"油菜花"素材图像为当前工作图像，单击"选择"|"全部"命令，全选图像；单击"编辑"|"拷贝"命令，拷贝选区内的图像。

（3）按【Ctrl＋Tab】组合键切换至"电视机"素材图像编辑窗口，选取工具箱中的矩形选框工具，在电视机屏幕图像上创建一个矩形选区；单击"编辑"|"贴入"命令，贴入拷贝的图像，如图 3-56 所示。此时，"图层"调板中自动生成一个剪贴蒙版图层。

（4）按【Ctrl＋T】组合键，调出变换控制框，移动鼠标指针至右上角的控制柄上，按住鼠标左键并向外拖动至合适的位置，按【Enter】键确认变换操作，效果如图 3-57 所示。

图 3-56　贴入拷贝的图像　　　　　　　　图 3-57　变换后的效果

3.4.4 清除选区内的图像

清除选区内的图像有以下两种方法：

❋ 命令：单击"编辑"|"清除"命令。

❋ 快捷键：按【Delete】键。

3.4.5 定义选区图像为图案

将选区图像定义为图案是一项很实用的操作。定义的图案将被存储到"图案"拾色器中，可供以后填充图像或者选取图像之用。

举例说明——个性衬衫

（1）单击"文件"|"打开"命令，打开一幅卡通人物素材图像，如图 3-58 所示。

（2）选取工具箱中的矩形选框工具，在图像编辑窗口的左上角处按住鼠标左键并向右下角拖动，创建一个矩形选区，如图 3-59 所示。

图 3-58　卡通人物素材　　　　　　　图 3-59　创建矩形选区

（3）单击"编辑"|"定义图案"命令，弹出"图案名称"对话框，在"名称"文本框中输入"图案 1"，如图 3-60 所示。单击"确定"按钮，定义图案。

（4）单击"文件"|"打开"命令，打开一幅衬衫素材图像，如图 3-61 所示。

图 3-60　"图案名称"对话框　　　　　图 3-61　衬衫素材图像

（5）单击"图层"|"图层样式"|"图案叠加"命令，弹出"图层样式"对话框，在该对话框中单击"图案"下拉按钮，在弹出下拉调板中选择"图案 1"选项，如图 3-62 所示。

（6）在"图层样式"对话框中设置"缩放"为 3%，单击"确定"按钮，应用"图案叠加"样式，效果如图 3-63 所示。

第3章　选区的创建、编辑与应用

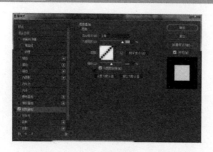

图 3-62　"图层样式"对话框

图 3-63　添加"图案叠加"样式后的效果

习　　题

一、填空题

1．使用_____工具可以创建三角形、多边形、星形等形状的选区，适用于边界多为直线或边界复杂的图像。

2．_____命令可根据色彩的相似程度生成选区。与魔棒工具不同，魔棒工具是根据采样点的周围区域图像色彩相似程度来形成一个选区，而_____命令是从整个图像中提取相似的色彩并形成一个选区。

3．按_____组合键，可以反向选区。

二、简答题

1．创建选区有哪几种方法？

2．"扩大选取"与"选取相似"命令有哪些不同点？

3．变换选区有哪几种方式？分别产生怎样的效果？

三、上机操作

1．制作如图 3-64 所示的"快乐天使"图像效果。

图 3-64　快乐天使

关键提示：使用魔棒工具选取人物图像，然后使用移动工具将人物图像移至图像中，并使用"自由变换"命令调整图像大小。

 2．使用"色彩范围"命令和磁性套索工具，对人物的衣服和头发进行魔幻换色，如图3-65 所示。

图 3-65　魔幻换色

关键提示：

 （1）使用"色彩范围"命令创建人物衣服图像选区，并调整色相及饱和度，进行变色。

 （2）使用磁性套索工具创建人物头发图像选区，并调整色相及饱和度，进行变色。

第4章　图像的填充、绘制与修饰

■本章概述

本章主要介绍如何选取颜色和填充颜色，以及绘画工具、色调工具、修饰工具、修补工具和删除工具的使用方法。

■方法集锦

选取颜色5种方法	运用拾色器4种方法	使用"颜色"调板4种方法
使用"色板"调板2种方法	在色板中选择颜色2种方法	删除色板2种方法
填充颜色4种方法	命令填充2种方法	调出"画笔"调板3种方法

4.1　选取颜色

在编辑图像时，其操作结果与前景色和背景色有着非常密切的关系，例如：使用画笔、铅笔及油漆桶等工具在图像中进行绘画时，使用的是前景色；在使用橡皮擦工具擦除图像的"背景"图层时，则使用背景色填充被擦除的区域。

扫码观看本节视频

4.1.1　使用颜色工具

工具箱中有一个前景色和背景色设置工具，用户可通过该工具来设置当前使用的前景色和背景色，如图4-1所示。

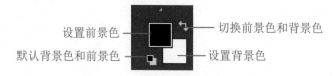

设置前景色 —— 切换前景色和背景色
默认背景色和前景色 —— 设置背景色

图4-1　前景色与背景色颜色设置区

默认前景色为黑色，背景色为白色。而在 Alpha 通道中，默认的前景色是白色，背景色是黑色。

颜色设置区中各图标的含义如下：

❋　设置前景色/背景色：单击相应的图标，将弹出拾色器对话框，选取一种颜色，可更改图像的前景色/背景色。

❋　切换前景色和背景色：单击该按钮，可以将当前的前景色和背景色互换。

❋　默认前景色和背景色：单击该按钮，可以将当前的前景色和背景色恢复为默认的黑色和白色。

 专家指点

> 按【D】键，可将前景色与背景色恢复为默认的颜色设置。
> 按【X】键，可将设置好的前景色与背景色相互切换。

4.1.2 使用拾色器

通过拾色器对话框，可以设置前景色、背景色和文本颜色。在 Photoshop CC 中，还可以使用拾色器在某些颜色和色调调整命令中设置目标颜色，在渐变编辑器中设置终止色，在照片滤镜中设置滤镜颜色，为填充图层、某些图层样式和形状图层设置颜色。

单击工具箱或者"颜色"调板中的"设置前景色"或"设置背景色"图标，即可弹出拾色器对话框，如图 4-2 所示。

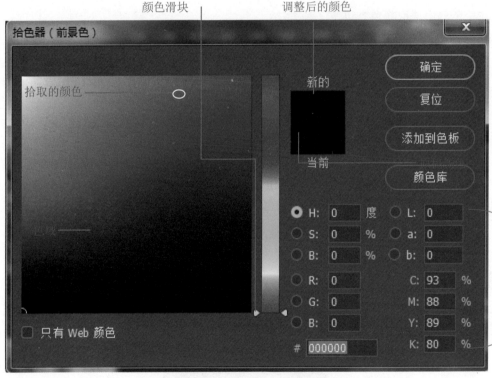

图 4-2 拾色器对话框

该对话框中各主要选项的含义如下：

❋ "新的"和"当前"：颜色滑块的右侧有一块显示颜色的区域，分为上下两个部分，上半部分显示的是当前选择的颜色，下半部分显示的是原稿的前景色或者背景色。

❋ "只有 Web 颜色"复选框：选中该复选框，可以将选取颜色的范围限制在 Web 颜色范围以内（适用于网页）的 216 种颜色，如图 4-3 所示。

❋ 单击"颜色库"按钮，弹出"颜色库"对话框，在其中可以进行颜色的选取。在"色库"下拉列表框中可以选择用于印刷的颜色。

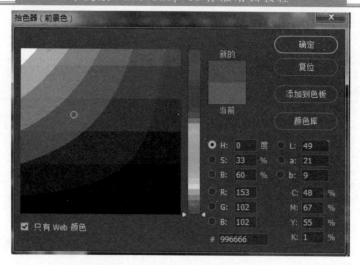

图 4-3 显示 Web 颜色的色域窗口

在拾色器中选取颜色有以下 4 种方法：

✳ 在色域中所需的颜色上单击鼠标左键。

✳ 对话框的右下方有 HSB、RGB 和 Lab 3 种颜色模式的 9 种颜色分量单选按钮。选中其中一个单选按钮，色域中就会出现不同的颜色。在其中单击鼠标左键，并配合调节颜色的滑块可以选出多种颜色。

✳ 在 HSB、RGB、Lab 和 CMYK 4 种颜色模式的颜色分量数值框中输入相应的数值或者百分比，可以完成选取颜色的操作。

✳ 对话框的右下方有一个带有 # 标志的数值框。在使用上面两种方法选取颜色时，每选取一种颜色数值框中的数值就会发生相应的改变，所以可以在此数值框中直接输入一个十六进制值，如 000000 是黑色，FFFFFF 是白色，FF0000 是红色。色域中所显示出来的所有颜色都可以用 6 位十六进制数值表示。

4.1.3 使用吸管工具

在处理图像时，经常需要从图像中获取颜色，例如：要修补图像中某个区域的颜色，通常要从该区域附近找出相近的颜色，然后再用该颜色处理被修补处，此时用吸管工具会很方便，其属性栏如图 4-4 所示。

图 4-4 吸管工具属性栏

该工具属性栏中的"取样大小"下拉列表框用于设置取样点的大小，其中主要选项的含义如下：

✳ 取样点：该选项为系统的默认设置，表示选取颜色精确至 1 像素，单击位置的像素颜色即可定为当前选取的颜色。

❋ 3×3 平均：选择该选项，表示以 3×3 像素的平均值来确定选取的颜色。

其他各项均为类似设置，这里不再赘述。

为了便于用户了解某些点的颜色数值，方便颜色设置，Photoshop CC 还提供了一个颜色取样器工具，如图 4-5 所示。用户可以使用该工具查看图像中若干关键点的颜色值，以便在调整颜色时参考。

图 4-5 颜色取样器工具

选取工具箱中的颜色取样器工具，在图像中单击所要查看的颜色值的关键点，此时将以取样点的形式显示在所单击的图像处，若图像是 RGB 模式，"信息"调板中将显示其相应点的 R、G、B 数值，如图 4-6 所示。

图 4-6 使用颜色取样器工具进行颜色取样

专家指点

使用颜色取样器工具进行颜色取样时，取样点最多 4 个；要移动取样点的位置，只需将鼠标指针移至取样点上并拖曳鼠标，此时用户可通过"信息"调板浏览鼠标指针所经过的区域的颜色变化；要删除取样点，可按住【Alt】键单击取样点，或直接将其拖出图像窗口。

4.1.4 使用"颜色"调板

使用"颜色"调板，可以使用几种不同的颜色模型来编辑前景色和背景色。

单击"窗口"|"颜色"命令或按【F6】键，弹出"颜色"调板，如图 4-7 所示。

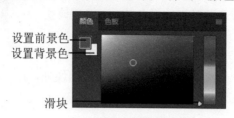

图 4-7 "颜色"调板

使用"颜色"调板设置颜色有以下 4 种方法：

※ 在"颜色"调板中，单击"设置前景色"或者"设置背景色"图标，弹出拾色器对话框，在其中可进行颜色的选取。

※ 拖动颜色分量滑动杆上的滑块可以调节颜色的深度。

※ 在数值框中输入有效数值可以调节颜色的深度。

※ 将鼠标指针移动到四色曲线图上，单击其中的一种颜色可将其作为前景色；或按住【Alt】键的同时单击曲线图中的颜色，则可选取一种颜色作为背景色。

单击"颜色"调板右上角的调板控制按钮，弹出调板菜单（如图 4-8 所示），用户可以在其中选择其他设置颜色的方式及颜色样板条类型。

图 4-8 "颜色"调板菜单

4.1.5 使用"色板"调板

为了便于快速选择颜色，系统还提供了"色板"调板。该调板中的颜色都是系统预先设置好的，用户可直接在其中选取而不用自己配制，还可调整"色板"调板中的颜色。

打开"色板"调板有以下两种方法：

❋ 命令：单击"窗口"|"色板"命令。

❋ 快捷键：按【F6】键。

使用以上任意一种方法，都将弹出"色板"调板，如图 4-9 所示。

📖 更改色板的显示方式

单击"色板"调板右上角的调板控制按钮，弹出调板菜单，在其中选择"小缩览图"选项，可以显示色板的缩览图；选择"大列表"选项 ▤，可以显示每个色板的名称和缩览图，如图 4-10 所示。

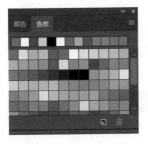

图 4-9 "色板"调板

图 4-10 显示色块及其名称

📖 在色板中选择颜色

在色板中选择颜色有以下两种方法：

❋ 用鼠标单击：移动鼠标指针到调板中的色板方格上（此时鼠标指针呈 🖋 形状），单击鼠标左键（此时鼠标指针呈 🖑 形状），即可完成前景色的选取。

❋ 快捷键：按住【Ctrl】键的同时在色板方格上单击鼠标左键，即可完成背景色的选取。

📖 添加色板

将鼠标指针移到"色板"调板中的空白处，当鼠标指针呈 ⟩ 形状时单击鼠标左键，弹出"色板名称"对话框，如图 4-11 所示。在"名称"文本框中输入颜色的名称，单击"确定"按钮，即可将当前前景色添加到"色板"调板中，如图 4-12 所示。

图 4-11 "色板名称"对话框

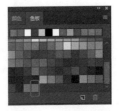

图 4-12 添加的色板

专家指点

在"色板"调板中选择一个色块，按住【Alt】键将其拖动到"色板"调板底部的"创建前景色的新色板"按钮上，弹出"色板名称"对话框，设置相应的选项，单击"确定"按钮，可复制选择的色块。

第
4
章

图
像
的
填
充
、
绘
制
与
修
饰

📖 删除色板

删除色板有以下两种方法：

❋ 按钮：在"色板"调板中选择需要删除的色板，按住鼠标左键不放，待鼠标指针呈 形状时，将其拖动到"色板"调板底部的"删除色板"按钮 上，即可删除色板。

❋ 快捷键：按住【Alt】键，鼠标指针呈剪刀形状 ，此时单击调板中的色块，即可删除色板。

📖 复位色板

如果想要恢复系统默认的色板设置，可单击"色板"调板右上角的调板控制按钮，弹出调板菜单，选择"复位色板"选项，将弹出提示信息框，如图 4-13 所示。单击"确定"按钮，即可完成"色板"调板的恢复。

图 4-13 提示信息框

📖 载入色板库

单击"色板"调板右上角的调板控制按钮，弹出调板菜单，选择"载入色板"选项，弹出"载入"对话框，如图 4-14 所示。选择需要载入的色板库，单击"载入"按钮，即可将选择的色板库载入至"色板"调板中。

图 4-14 "载入"对话框

📖 将一组色板存储为库

单击"色板"调板右上角的调板控制按钮，弹出调板菜单，选择"存储色板"选项，弹出"另存为"对话框，如图 4-15 所示。选择保存色板库的路径，并在"文件名"文本框中输入文件名，单击"确定"按钮即可。

图 4-15 "另存为"对话框

4.2 填充颜色

扫码观看本节视频

在 Photoshop CC 中，填充图像颜色的方法有多种，如使用油漆桶工具填充单色、使用渐变工具填充渐变色、使用"填充"命令和快捷键填充颜色等，下面将分别进行详细介绍。

4.2.1 使用油漆桶工具

使用油漆桶工具，可以用前景色或图案快速填充图像中由颜色相近的像素组成的区域。填充区域的大小取决于邻近的像素颜色与填充起点像素颜色的相似程度，其属性栏如图 4-16 所示。

| ◇ ▾ | 前景 | 模式：正常 | ▾ | 不透明度：100% | ▾ | 容差：32 | ☑ 消除锯齿 | ☑ 连续的 | □ 所有图层 |

图 4-16 油漆桶工具属性栏

该工具属性栏中各主要选项的含义如下：

❋ 设置填充区域的源：在该下拉列表框中，可以选择"前景"或"图案"进行填充。

❋ 模式：在该下拉列表框中，可以设置填充图像与原图像的混合模式。

❋ 不透明度：设置填充颜色或图案的不透明程度。

❋ 容差：该数值框可以设置填充像素的颜色范围，取值范围为 0～255 之间的整数。设置高容差则可填充更大范围内的像素，设置低容差则填充与所单击像素非常相似的像素。

❋ 消除锯齿：选中该复选框，可以通过淡化边缘以产生与背景颜色之间的过渡，从而平滑锯齿边缘。

❋ 连续的：选中该复选框，仅填充与起点像素邻近的像素，否则，将填充图像中所有与起点像素相似的像素。

❋ 所有图层：选中该复选框，填充操作将对所有图层生效。

使用油漆桶工具填充图像颜色前后的效果如图 4-17 所示。

图 4-17　填充图像颜色前后的效果

4.2.2　使用渐变工具

使用渐变工具可以创建多种颜色间的逐渐混合，可以从预设渐变填充中选取或创建自己的渐变，其属性栏如图 4-18 所示。

图 4-18　渐变工具属性栏

该工具属性栏中各主要选项的含义如下：

❋　单击"点按可编辑渐变"图标，弹出"渐变编辑器"窗口（如图 4-19 所示），可在"预设"选项区中选择渐变色，也可以通过单击渐变色矩形控制条中的色标（当鼠标指针呈 形状时，在渐变色矩形控制条的下方单击鼠标左键，可以增加色标），并通过其下方的"颜色"色块设置渐变颜色，如图 4-20 所示。

图 4-19　"渐变编辑器"窗口　　　　图 4-20　编辑渐变色

❋　"线性渐变"按钮：可以创建从起点到终点的直线渐变效果。

❋　"径向渐变"按钮：可以创建从中心向四周辐射的渐变效果。

❋　"角度渐变"按钮：可以形成围绕点旋转的螺旋形渐变效果。

❋　"对称渐变"按钮：可以产生两侧对称的渐变效果。

❋　"菱形渐变"按钮：可以产生菱形的渐变效果。

以上各种渐变类型的效果如图 4-21 所示。

线性渐变　　　　　径向渐变　　　　　角度渐变　　　　　对称渐变　　　　菱形渐变

图 4-21　各种渐变类型效果

❋ "反向"复选框：选中该复选框，可以反转渐变填充中填充的颜色。

❋ "仿色"复选框：选中该复选框，可以创建较平滑的混合。

❋ "透明区域"复选框：选中该复选框，可以对渐变填充使用透明蒙版。

4.2.3　使用"填充"命令

用户可以使用"填充"命令对选区或图像填充定义的颜色及图案。执行"填充"命令的方法有以下两种：

❋ 命令：单击"编辑"|"填充"命令。

❋ 快捷键：按【Shift＋F5】组合键。

使用以上任意一种操作，均可弹出"填充"对话框，如图 4-22 所示。

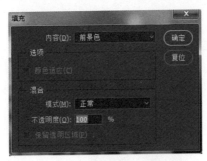

图 4-22　"填充"对话框

该对话框中各主要选项的含义分别如下：

❋ 内容：在该下拉列表框中可以选择所需的颜色，如前景色、背景色、黑色、50%灰色和白色，也可以选择颜色或图案以及历史记录。

颜色：选择该选项可以从"选取一种颜色"对话框中选择颜色，然后对图像进行填充。

图案：选择该选项可使用图案填充选区。单击"自定图案"下拉按钮，弹出"图案"调板，在其中可选择所需要的图案。

历史记录：选择该选项，可以将选定区域恢复为在"历史记录"调板中设置为源的状态或图像快照。

❋ 混合：在该选项区中可以设置所需的填充混合模式和不透明度。

❋ 保留透明区域：对图层进行颜色填充时，可以保留透明的部分不填充颜色。该复选框只有在对透明的图层进行填充时才有效。

4.2.4 使用快捷键

要对当前图层或创建的选区填充颜色，可以使用快捷键快速完成填充颜色的操作。

使用快捷键填充颜色的方法有以下4种：

* 按【Alt＋Delete】组合键，填充前景色。
* 按【Alt＋Backspace】组合键，填充前景色。
* 按【Ctrl＋Delete】组合键，填充背景色。
* 按【Ctrl＋Backspace】组合键，填充背景色。

4.3 绘画工具

熟练运用工具箱中的绘画工具是学习 Photoshop CC 的一个重要环节，只有熟练掌握了各种绘画修饰工具的操作技巧，才能在图像编辑处理中做到游刃有余。

4.3.1 调出"画笔"调板

使用"画笔"调板可以对画笔进行全面的控制，从而创作出各种绘画效果。打开"画笔"调板的方法有以下3种：

* 命令：单击"窗口"｜"画笔"命令。
* 快捷键：按【F5】键。
* 按钮：在画笔工具、铅笔工具、仿制图章工具、图案图章工具、历史记录画笔工具、历史记录艺术画笔工具、模糊工具、锐化工具、涂抹工具、减淡工具、加深工具和海绵工具的工具属性栏中单击最右端的"切换画笔调板"按钮 。如图4-23所示。

图4-23 "画笔"调板

该调板中各主要选项的含义如下：

📖 画笔预设

在"画笔"调板的左侧单击"画笔预设"选项，右侧就会显示各种预设的画笔，如图4-24

所示。每种预设对应一系列的画笔参数。单击右下角的"创建新画笔"按钮 ，可以创建新的画笔预设；单击"删除画笔"按钮 ，可以将不需要的画笔预设删除。

📖 画笔笔尖形状

画笔笔尖形状由许多单独的画笔笔迹组成。所选的画笔笔尖决定了画笔笔迹的形状、直径和其他特性，可以通过编辑其选项来自定义画笔笔尖，并通过采集图像中像素样本来创建新的画笔笔尖形状。

在"画笔"调板的左侧单击"画笔笔尖形状"选项，调板右侧会显示其相关属性，在其中可以设置画笔笔尖的直径、硬度、间距、角度和圆度等，如图 4-25 所示。

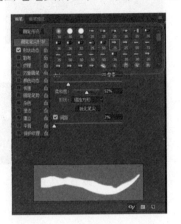

图 4-24 "画笔预设"选项区

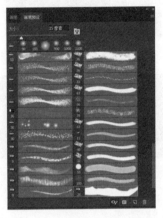

图 4-25 "画笔笔尖形状"选项区

"画笔笔尖形状"选项区中各主要选项的含义如下：

※ 直径：拖动该滑杆上的滑块或在其后面的数值框中输入所需的数值，可以设置画笔笔尖的大小。

※ 使用取样大小：单击该按钮，可以将画笔复位到原始直径。

※ 翻转 X：改变画笔笔尖在其 X 轴上的方向，如图 4-26 所示。

※ 翻转 Y：改变画笔笔尖在其 Y 轴上的方向，如图 4-27 所示。

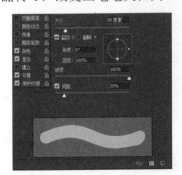

图 4-26 翻转 X 轴画笔笔尖

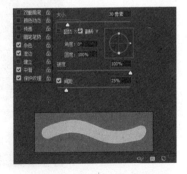

图 4-27 翻转 Y 轴画笔笔尖

※ 角度：在该数值框中可以输入-180～180 度之间的数值，可以设置椭圆形或不规则形状画笔的长轴（或纵轴）与水平线的偏角，如图 4-28 所示。

※ 圆度：在该数值框中输入 0%～100%之间的数值，可以控制圆形笔尖长短轴的比例，

如图 4-29 所示。

✳ 硬度：拖动滑杆上的滑块或在其数值框中输入 0%～100% 之间的数值，可以控制画笔硬度，如图 4-30 所示。

✳ 间距：拖动滑块可以控制画笔标记之间的距离，如图 4-31 所示。

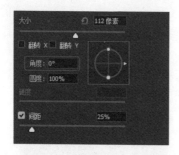

图 4-28　画笔笔尖的角度

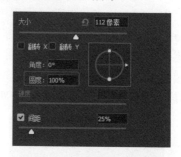

图 4-29　画笔笔尖的圆度

图 4-30　画笔笔尖的硬度

图 4-31　画笔笔尖的间距

📖 形状动态

形状动态决定画笔笔迹的变化。在"画笔"调板的左侧选中"形状动态"复选框，其右侧会显示相关的属性设置选项，如图 4-32 所示。

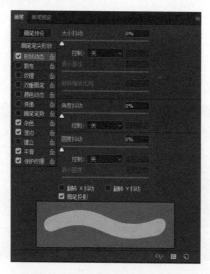

图 4-32　"形状动态"选项区

"形状动态"选项区中各主要选项的含义如下：

✳ 大小抖动：拖曳该选项下方的滑块或在其右侧的数值框中输入数值，可以设置绘制过程中画笔笔迹大小的变化程度；在其下方的"控制"下拉列表框中可以设置画笔笔迹大小的变化方式，包括关、渐隐、钢笔压力、钢笔斜度和光笔轮 5 个选项。

　　※　角度抖动：拖曳该选项下方的滑块或在其右侧的数值框中输入数值，可以设置在绘制过程中画笔笔迹的角度变化程度；在其下方的"控制"下拉列表框中可以设置画笔笔迹角度的变化方式。

　　※　圆度抖动：拖曳该项下方的滑块或在其右侧的数值框中输入数值，可以设置在绘制过程中画笔笔迹的圆度变化程度；在其下方的"控制"下拉列表框中可以设置画笔笔迹圆度的变化方式。

　　※　最小圆度：当使用"圆度抖动"时，拖曳该选项下方的滑块或在其右侧的数值框中输入数值，可以设置画笔笔迹的最小圆度。

4.3.2　画笔工具

　　使用画笔工具可以在图像上绘制前景色，也可以创建柔和的颜色描边。选取工具箱中的画笔工具，其属性栏如图 4-33 所示。

图 4-33　画笔工具属性栏

　　该工具属性栏中各主要选项的含义如下：

　　※　图标：单击此图标，可弹出"工具预设"调板。

　　※　"画笔"选项：单击该选项右侧的三角形按钮，弹出"画笔预设"调板，如图 4-34 所示。该调板中的"大小"选项用于设置当前画笔的笔尖大小，可拖动下方的滑块进行设置，也可以在右侧的数值框中直接输入大小数值；"硬度"选项用于设置画笔笔尖的软硬程度，设置的数值越大笔触的边缘越清晰，数值越小笔触的边缘越柔和。

　　※　单击主直径右侧的三角形按钮，弹出调板菜单如图 4-35 所示。

图 4-34　"画笔预设"调板

图 4-35　调板菜单

　　※　"模式"下拉列表框：在该下拉列表框中可以选择绘图时的混合模式。这些混合模式与"图层"调板中混合模式的作用大致相同，在此不再赘述。

　　※　"流量"滑块：设置在绘画时画笔压力的大小，可以在数值框中输入 1～100 之间的

整数值，也可以拖动滑块进行调节。流量值越大画出的颜色越深，数值越小画出的颜色越浅。

※ "喷枪"按钮：单击该按钮，可启用喷枪功能，使用时绘制的线条会因鼠标的停留而逐渐变粗。

4.3.3 铅笔工具

Photoshop CC 的铅笔工具能模拟真实的铅笔画出一条参差不齐、边缘较硬的线条。使用铅笔工具时，笔画可以是粗的、细的、圆的或方的，其属性栏如图 4-36 所示。

图 4-36　铅笔工具属性栏

铅笔工具的使用方法与画笔工具的使用方法基本相同，不过使用铅笔工具绘制的是硬边直线，其属性栏中多了一个"自动抹涂"选项，该选项是铅笔工具的特殊功能。

"自动抹除"功能可以在包含前景色的区域上绘制背景色。选中"自动抹除"复选框，并设置好前景色和背景色，然后在图像上拖曳鼠标，如果笔尖的中心在与前景色相同的图像区域落笔，该区域将涂抹成背景色；如果笔尖的中心在不包含前景色的区域上落笔，该区域以前景色绘制。

4.3.4 颜色替换工具

颜色替换工具可以使用校正颜色在目标颜色上绘画，该工具不适合用于位置、索引或多通道颜色模式的图像，其属性栏如图 4-37 所示。

图 4-37　颜色替换工具属性栏

该工具属性栏中各主要选项的含义如下：

※ "画笔"选项：用于指定画笔笔尖的直径、硬度、间距、角度和圆度等。使用颜色替换工具时不能获得所有的画笔选项，少于其他工具可用的"画笔"调板选项。

※ "模式"下拉列表框：该下拉列表框中有 4 个选项，即色相、饱和度、颜色和明度，用于设置如何将新的绘图元素与图像中已有的元素混合。通常将混合模式设置为"颜色"（"颜色"模式影响色调、饱和度或图像的颜色值，但不影响明度）。

※ "取样：连续"按钮：对区域进行连续不断的颜色取样。

※ "取样：一次"按钮：只替换包含第一次单击的颜色区域中的目标颜色。

※ "取样：背景色板"按钮：只替换图像中与当前前景色颜色相同的像素。

※ "限制"下拉列表框：在该下拉列表框中选择"不连续"选项，则可替换出现在鼠标指针下任何位置的样本颜色；选择"连续"选项，则替换与鼠标指针下的颜色邻近的颜色；选择"查找边缘"选项，则替换包含样本颜色的连接区域，同时能更好地保留形状边缘的锐化程度。

※ "容差"数值框：用于决定与像素匹配到什么程度才能进行替换。数值越小与取样

的颜色越相近，数值越大替换的颜色范围越广。颜色替换成功与否往往取决于容差值的大小。

   ❋   "消除锯齿"复选框：选中该复选框，可以为所校正的区域定义平滑的边缘。

4.4　色调工具

    色调工具由减淡工具、加深工具和海绵工具组成。减淡和加深工具是用于调节照片特定区域曝光度的传统摄影技术，可使图像区域变亮或变暗。减淡工具可以使图像变亮，加深工具可使图像变暗。

4.4.1　减淡工具

    减淡工具用来加亮图像的局部，通过将图像或选区的亮度提高来校正曝光，其属性栏如图 4-38 所示。

图 4-38　减淡工具属性栏

    该工具属性栏中各主要选项的含义如下：

   ❋   "范围"下拉列表框中有"阴影"、"中间调"和"高光"3 个选项：

    "阴影"选项：选择该选项，只能更改图像中暗部区域的像素。

    "中间调"选项：选择该选项，只能更改图像中颜色对应灰度为中间范围的部分像素。

    "高光"选项：选择该选项，只能更改图像中亮部区域的像素。

   ❋   "曝光度"数值框：用于设置减淡工具的曝光量，取值范围为 1%～100%。

   ❋   "喷枪"按钮：单击该按钮，使其呈凹下状态将使用喷枪效果进行绘制。

    运用减淡工具对图像进行处理前后的效果如图 4-39 所示。

图 4-39　使用减淡工具对图像进行处理前后的效果

4.4.2　加深工具

    加深工具通过增加曝光度来降低图像中某个区域的亮度，该工具的设置及使用与减淡工具相同，其属性栏如图 4-40 所示。

图 4-40　加深工具属性栏

使用加深工具对图像进行处理前后的效果如图 4-41 所示。

图 4-41　使用加深工具对图像进行处理前后的效果

4.4.3　海绵工具

使用海绵工具可精确地更改图像区域的色
彩饱和度。在灰度模式下，该工具可以通过灰
阶远离或靠近中间灰色来增加或降低对比度，
其属性栏如图 4-42 所示。该工具属性栏中的"去
色"选项可以减弱颜色的饱和度，"加色"选项可以增加颜色的饱和度。

图 4-42　海绵工具属性栏

专家指点

　　按【O】键可以选取当前色调工具；按【Shift + O】组合键，可以在减淡工具、加深工具
和海绵工具之间进行切换。

举例说明——古色古香

　　（1）单击"文件"|"打开为"命令，打开一幅桃花素材图像，如图 4-43 所示。

　　（2）选取工具箱中的海绵工具，在其属性栏中设置画笔的"主直径"值为 300 px、"硬
度"为 0%、"模式"为"加色"，移动鼠标指针至桃花图像上，按住鼠标左键并拖动鼠标，
以加深色调，如图 4-44 所示。采用同样的方法，使用海锦工具加深其他位置的色调，效果如
图 4-45 所示。

图 4-43　素材图像　　　　　　图 4-44　加深色调　　　　　　图 4-45　图像效果

4.5 修饰工具

修饰工具是通过设置画笔笔触，并在图像上随意涂抹，以修饰图像中的细节部分。修饰工具包括模糊工具、锐化工具、涂抹工具、仿制图章工具和图案图章工具。

4.5.1 模糊工具

使用模糊工具可以将图像变得模糊，而未被模糊的图像将显得更加突出、清晰，其属性栏如图 4-46 所示。

图 4-46　模糊工具属性栏

在"画笔"下拉调板中选择一个合适的画笔，选择的画笔越大，图像被模糊的区域也越大；可在"模式"下拉列表框中选择操作时的混合模式，它的作用与图层混合模式相同；"强度"数值框中的百分数，可以控制模糊工具的强度选中"对所有图层取样"复选框，模糊操作应用在其他图层中，否则，操作效果只作用在当前图层中。

使用模糊工具对图像进行模糊处理前后的效果如图 4-47 所示。

图 4-47　使用模糊工具处理图像前后的效果

4.5.2 锐化工具

锐化工具的作用与模糊工具的作用刚好相反，可用于锐化图像的部分像素，使被操作区域更清晰。锐化工具的工具属性栏与模糊工具完全一样，其参数的含义也相同，故不再赘述。

4.5.3 涂抹工具

涂抹工具可以用来混合颜色。使用涂抹工具时，Photoshop 从单击处的颜色开始，将它与鼠标经过处的颜色混合。除了混合颜色和搅拌颜料之外，涂抹工具还可用来在图像中产生水彩般的效果，其属性栏如图 4-48 所示。

图 4-48　涂抹工具属性栏

选中该工具属性栏中的"对所有图层取样"复选框，可以对所有可见图层中的颜色进行涂抹，取消选择该复选框，则只对当前图层的颜色进行涂抹；选中"手指绘画"复选框，可以从起点描边处使用前景色进行涂抹，取消选择该复选框，则涂抹工具只会在起点描边处用所指定的颜色进行涂抹。

使用涂抹工具对图像进行处理前后的效果如图 4-49 所示。

图 4-49　使用涂抹工具对图像进行处理前后的效果

4.5.4　仿制图章工具

使用仿制图章工具可以从图像中取样，然后将样本应用到其他图像或同一图像的其他部分，其属性栏如图 4-50 所示。

图 4-50　仿制图章工具属性栏

该工具属性栏中的"对齐"复选框用于将整个取样区域对齐，即使操作由于某种原因而停止，当再次使用该工具操作时，仍可以从上次结束操作时的位置开始，直到再次取样；若取消选择该复选框，则每次停止操作后再进行操作时，必须重新取样。

举例说明——找伴

（1）单击"文件"|"打开"命令，打开一幅鱼素材图像，如图 4-51 所示。单击"图层"调板底部的"创建新图层"按钮，新建"图层 1"。

（2）选取工具箱中的仿制图章工具，单击工具属性栏中"画笔"选项右侧的三角形按钮，设置"大小"值为 60 px、"硬度"值为 0%，按住【Alt】键，鼠标指针呈 ⊕ 形状，移动鼠标指针至图像编辑窗口中的鱼素材图像处单击鼠标左键，进行取样，如图 4-52 所示。

（3）释放【Alt】键，移动鼠标指针至图像窗口其他位置，按住鼠标左键进行涂抹，效果如图 4-53 所示。

（4）单击"编辑"|"变换"|"水平翻转"命令，水平翻转图像。选取工具箱中的移动工具，适当调整仿制鱼图像的位置，效果如图 4-54 所示。

图 4-51   素材图像

图 4-52   进行取样

图 4-53   仿制图像的效果

图 4-54   图像效果

4.5.5   图案图章工具

图案图章工具可以复制定义好的图案，它能在目标图像上连续绘制出选定区域的图像，其属性栏如图 4-55 所示。

图 4-55   图案图章工具属性栏

该工具属性栏中的"画笔"选项用于设置绘图时使用的画笔类型；在"模式"下拉列表框中可以选择各种混合模式；"流量"数值框用于设置扩散速度；取消选择"对齐"复选框，进行多次复制操作会得到图像的层叠效果；"印象派效果"复选框用于设置绘制图案的效果，选中该复选框，创建的图像将具有印象派艺术效果。

举例说明——精美壁纸

（1）单击"文件"|"打开"命令，分别打开背景素材图像和人物素材图像，如图 4-56 所示。

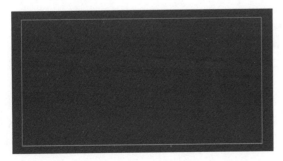

图 4-56   素材图像

第 4 章 图像的填充、绘制与修饰

（2）确认人物素材图像为当前工作图像，按【Ctrl＋A】组合键，全选图像，单击"编辑"|"定义图案"命令，弹出"图案名称"对话框，定义选区内的图像为"写真照片"，如图 4-57 所示，单击"确定"按钮。

图 4-57 "图案名称"对话框

（3）按【Ctrl＋Tab】组合键，切换至背景图案图像窗口中；选取工具箱中的图案图章工具，在其属性栏中单击"图案"下拉按钮，在弹出的下拉调板中选择上一步定义的"写真照片"，如图 4-58 所示。

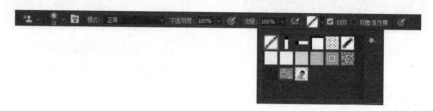

图 4-58 选择"写真照片"图案

（4）移动鼠标指针至图像编辑窗口的合适位置，按住鼠标左键并拖动，填充定义好的人物图案，如图 4-59 所示。

（5）重复上步的操作，按住鼠标左键并拖动，填充定义好的人物图案，如图 4-60 所示。

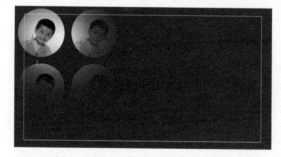

图 4-59 填充定义好的人物图案

图 4-60 图像效果

4.6 修补工具

照片修复工具可以快速删除照片中的污点和其它不理想的部分。在处理图像时，对于图片中一些不满意的部分可以使用修复和修补工具进行修改或复原。Photoshop CC 的修饰功能应用很广泛，可以对人物面部的雀斑、疤痕等进行处理，而且还可以清除闪光拍照留下的红眼。

4.6.1 污点修复画笔工具

使用污点修复画笔工具可以快速移去照片中的污点和不理想的部分。污点修复画笔工具的工作方式与修复画笔工具类似：使用图像或图案中的样本像素进行绘画，并将样本像素的纹理、光照、透明度和阴影与所修复的像素相匹配。与修复画笔工具不同的是：污点修复画笔工具不需要用户指定样本点，它会自动从所修饰区域的周围取样，其属性栏如图 4-61 所示。

图 4-61 污点修复画笔工具属性栏

选中该工具属性栏中的"近似匹配"单选按钮，可使用选区边缘周围的像素来查找要用作选定区域修补的图像区域；选中"创建纹理"单选按钮，可使用选区中的所有像素创建一个用于修复该区域的纹理。

使用污点修复画笔工具对图像进行修复前后的效果如图 4-62 所示。

图 4-62 使用污点画笔工具对图像进行修复前后的效果

4.6.2 修复画笔工具

修复画笔工具可用于校正图像中的瑕疵。修复画笔工具与仿制图章工具一样，可以使用图像或图案中的样本像素来绘画。但修复画笔工具还可将样本像素的纹理、光照和阴影与源像素进行匹配，从而使修复后的像素不留痕迹地融入到图像的其余部分中，其属性栏如图 4-63 所示。

图 4-63 修复画笔工具属性栏

该工具属性栏中各主要选项的含义如下：

※ 画笔：用于设置画笔大小。

❀ 模式：用于设置图像在修复过程中的混合模式。

❀ 取样：选中该单选按钮，按住【Alt】键的同时在图像内单击鼠标左键，即可确定取样点，释放【Alt】键，将鼠标指针移动到需复制的位置，拖曳鼠标即可修复图像。

❀ 图案：用于设置在修复图像时以图案或自定义图案对图像进行图案填充。

❀ 对齐：用于设置在修复图像时将复制的图案对齐。

使用修复画笔工具对图像进行修复前后的效果如图 4-64 所示。

图 4-64　使用修复画笔工具对图像进行修复前后的效果

4.6.3　修补工具

使用修补工具可以用其他区域或图案中的像素来修复选中的区域，与修复画笔工具相同，修补工具会将样本像素的纹理、光照和阴影与源像素进行匹配，还可以使用修补工具来仿制图像的隔离区域，其属性栏如图 4-65 所示。

图 4-65　修补工具属性栏

选中该工具属性栏中的"源"单选按钮，可使用其他区域的图像对所选区域进行修复；选中"目标"单选按钮，可使用所选的图像对其他区域的图像进行修复；选中"使用图案"按钮，可使用目标图像覆盖选定的区域。

举例说明——光滑小 BABY

（1）按【Ctrl+O】组合键，打开一幅人物素材图像，如图 4-66 所示。

（2）选取工具箱中的修补工具，选中工具属性栏中的"源"单选按钮，并取消选择"透明"复选框，移动鼠标指针至图像窗口，在人物皮肤处按住鼠标左键并拖动，创建一个如图 4-67 所示的选区。

扫码观看教学视频

（3）拖动选区至皮肤干净的区域，用干净处修复污点处，释放鼠标，即可完成修补操作，效果如图 4-68 所示；按【Ctrl+D】组合键，取消选区。

（4）用同样的操作方法，修复其他位置的污点，效果如图 4-69 所示。

图 4-66　素材图像

图 4-67　创建选区

图 4-68　修补图像

图 4-69　图像效果

4.6.4　红眼工具

我们在用数码相机拍照时，闪光灯等强光穿透眼球而产生的一个红点，因为影响美观，所以一般要消除。红眼工具可以消除照片中的红眼，也可以移除闪光灯拍摄动物照片时的白色或绿色反光，其属性栏如图 4-70 所示。

图 4-70　红眼工具属性栏

在该工具属性栏中的"瞳孔大小"数值框中，可拖动滑块或在数值框中输入 1%～100% 之间的整数值，来设置瞳孔（眼睛暗色的中心）的大小；在"变暗量"数值框中，可拖动滑块或在数值框中输入 1%～100% 之间的整数值，来设置瞳孔的暗度。

举例说明——还我明眸

（1）单击"文件"|"打开"命令，打开一幅人物素材图像，如图 4-71 所示。

（2）选取工具箱中的红眼工具，设置工具属性栏中的"瞳孔大小"值为 50%、"变暗量"值为 50%，移动鼠标指针至图像窗口，在人物图像的眼睛处按住鼠标左键并拖动，创建一个选区，效果如图 4-72 所示。

图 4-71 素材图像

图 4-72 创建选区

（3）释放鼠标，即可修正红眼，效果如图 4-73 所示。

（4）用同样的操作方法，使用红眼工具在图像窗口中修正另一只红眼，效果如图 4-74 所示。

图 4-73 修正红眼的效果

图 4-74 修正另一只红眼

4.7 擦除工具

Photoshop CC 提供了 3 种擦除工具，分别为橡皮擦工具、背景橡皮擦工具和魔术橡皮擦工具。橡皮擦工具和魔术橡皮擦工具可以将图像区域擦除为透明或用背景色填充；背景色橡皮擦工具可以将图层擦除为透明的。

4.7.1 橡皮擦工具

使用橡皮擦工具可以擦除不同的图像区域。如果在背景图层或在透明像素被锁定的图层中编辑图像，像素将改变为背景色，在普通图层中擦除时，像素被涂抹为透明，这样就可以看到图层下的图层内容，如图 4-75 所示。

选取工具箱中的橡皮擦工具，其属性栏如图 4-76 所示。

原图

擦除背景图层

擦除普通图层

图 4-75 擦除不同图层后的效果

图 4-76 橡皮擦工具属性栏

该工具属性栏中各主要选项的含义如下：

❋ 画笔：用于设置绘图时使用的画笔类型。

❋ 模式：在该下拉列表框中提供了画笔、铅笔和块 3 种模式的画笔。

❋ 不透明度：该数值框用于设置擦除笔刷的不透明度，当数值低于 100% 时，像素不会被完全擦除。

❋ 抹到历史记录：选中该复选框，橡皮擦工具便具有了历史记录画笔工具的功能，能够有选择地恢复图像至某一历史记录状态，其操作方法与历史记录画笔工具相同。

专家指点

使用橡皮擦工具擦除图像时，按住【Alt】键，可激活"抹到历史记录"功能，相当于选中该复选框，使用该功能可以恢复被误清除的图像。

4.7.2 背景橡皮擦工具

使用背景橡皮擦工具可以擦除图像的背景，并将其抹成透明的区域，在抹除背景图像的同时保留对象的边缘。在擦除图像时可以指定不同的取样和容差选项，以控制透明度的范围和边界的锐化程度，如图 4-77 所示。

图 4-77 使用背景橡皮擦工具擦除背景图像

选取工具箱中的背景橡皮擦工具，其属性栏如图 4-78 所示。

图 4-78　背景橡皮擦工具属性栏

该工具属性栏中主要选项的含义如下：

※　"取样：连续"按钮：单击该按钮，只第一次单击的颜色区域进行颜色取样。

※　"取样：一次"按钮：单击该按钮，可以随着鼠标的拖动对颜色连续取样。

※　"取样：背景色板"按钮：只取样包含当前背景色区域的颜色。

※　"不连续"选项：抹除出现在画笔下任何位置的样本颜色。

※　"连续"选项：抹除包含样本颜色并且连续的区域。

※　"查找边缘"选项：抹除包含样本颜色的连续区域，同时更好地保留形状边缘的锐化程度。

※　"容差"数值框：可以在该数值框中输入数值或拖曳下方的滑块以设置合适的数值。设置低容差，则仅限于擦除与样本颜色非常相似的区域；设置高容差，则可擦除范围更广的颜色。

※　"保护前景色"复选框：选中该复选框，可以在擦除选定区域内的颜色时，保护与前景色匹配的区域不被擦除。

4.7.3　魔术橡皮擦工具

使用魔术橡皮擦工具在图像中单击鼠标左键，将会擦除图像中具有相同颜色的图像区域。如果在图像背景中或是在带锁定透明区域的图像中涂抹，像素会更改为背景色，否则像素会被涂抹为透明的，如图 4-79 所示。

图 4-79　魔术橡皮擦工具擦除背景色

选取工具箱中的魔术橡皮擦工具，其属性栏如图 4-80 所示。

图 4-80　魔术橡皮擦工具属性栏

※　"连续"复选框：选中该复选框，可以擦除与鼠标单击处颜色相同或相近的取样点位置邻近的颜色。

※ "对所有图层取样"复选框：选中该复选框，可以对所有可见图层中的组合数据进行采集擦除色样。

习 题

一、填空题

1. 使用_____可以用前景色或图案快速填充图像中由颜色相近的像素组成的区域。填充的区域大小取决于邻近的像素颜色与填充处像素颜色的相似程度。

2. 使用_____工具可以用其他区域或图案中的像素来修复选中的区域。

3. 使用_____工具可以擦除图层中的图像，并将其涂抹成透明的区域，在抹除背景的同时保留对象的_____。

二、简答题

1. 选取颜色有哪几种方法？

2. 如何使用修补工具对图像进行修补？

三、上机操作

1. 使用油漆桶工具填充吉祥猪的颜色，如图 4-81 所示。

图 4-81 吉祥猪

关键提示：设置所需的前景色，然后使用油漆桶工具在区域内进行填充。

2. 使用仿制图章工具制作双胞胎，如图 4-82 所示。

图 4-82 双胞胎

关键提示：使用仿制图章工具从图像中取样（人物），然后将样本应用到图像的其他部分。

第5章 路径、形状的绘制与应用

■本章概述

　　本章主要讲解路径的概念、创建、编辑及其基本应用，以及路径形状的绘制和其他工具的使用，通过掌握这些基础知识，读者能够灵活地使用路径创建选区和绘图，从而制作出富有艺术气息的作品。

■方法集锦

绘制路径2种方法	选择路径2种方法	移动路径2种方法
断开路径2种方法	复制路径6种方法	变换路径4种方法
显示路径3种方法	隐藏路径5种方法	存储路径2种方法
删除路径7种方法	填充路径5种方法	描边路径4种方法
将路径转换为选区7种方法	将选区转换为路径4种方法	

5.1 认识路径

　　路径是使用形状或钢笔工具绘制的直线或曲线，是矢量图形。因此无论是缩小或者放大图像都不会影响其分辨率和平滑程度，均会保持清晰的边缘。

　　路径由直线或曲线线段构成，用锚点来标记路径线段的端点。在曲线上，每个选中的锚点显示一条或两条方向线，方向线以控制柄结束；方向线和方向点的位置决定了曲线段的大小和形状，移动这些元素将会改变路径中曲线的形状，如图5-1所示。

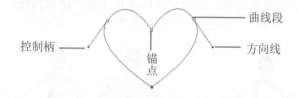

图5-1　路径

　　其中"控制柄"用于移动方向点，以改变曲线段的角度和形状；"曲线段"是由一个或者两个锚点确定的一段路径曲线；"锚点"为路径上的控制点，每个锚点都有一条或者两条方向线，方向线的末端是方向点。移动锚点的位置可以改变曲线的大小和形状；"方向线"用于改变曲线段的弧度。

　　路径可以是闭合的，即没有起点或终点，如一个圆形路径；也可以是开放的，即有明显的终点，如一条波浪线，如图5-2所示。

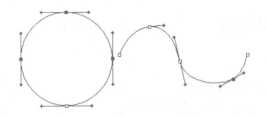

图 5-2　绘制的不同路径

5.2　绘制路径

路径可以是一个点、一条直线或一条曲线，通常是由锚点连接在一起的一系列直线段或曲线段。因为路径没有锁定图像的背景像素，所以很容易调整、选择和移动，同时，路径也可以存储并导出到其他程序中。路径不同于 Photoshop CC 绘图工具创建的任何对象，也不同于 Photoshop CC 选框工具创建的选区。

创建路径最常用的方法就是使用钢笔工具和自由钢笔工具。钢笔工具可以和"路径"调板协调使用。通过"路径"调板可以对路径进行描边、填充及转换为选区。

5.2.1　使用钢笔工具绘制路径

钢笔工具是绘制路径的基本工具，使用该工具可以创建直线或平滑的曲线。

选取工具箱中的钢笔工具，其属性栏如图 5-3 所示。

| ⭘ ∨ | 路径 ∨ | 建立: | 选区… | 蒙版 | 形状 | ⬛ | ▐▌ | ▝▘ | ⚙ | ☑ 自动添加/删除 | 对齐边缘 |

图 5-3　钢笔工具属性栏

该工具属性栏中各主要选项的含义如下：

❋ "形状图层"按钮 形状 ：单击该按钮，可创建一个形状图层。在图像窗口中创建路径时会同时建立一个形状图层，并在闭合的路径区域内填充前景色（如图 5-4 所示）或设定样式。

图 5-4　使用钢笔工具绘制的形状图层

* "路径"按钮 路径 ：单击该按钮，可在图像窗口中创建路径。
* "自动添加/删除"复选框：选中该复选框，可以自动添加或删除锚点；若取消选择该复选框，则只能绘制路径，不能添加或删除锚点。
* "合并形状"按钮 合并形状 ：可以将新区域添加到重叠路径区域。
* "减去顶层形状"按钮 减去顶层形状 ：可将新区域从重叠路径区域减去。
* "与形状区域相交"按钮 与形状区域相交 ：将路径限制为新区域和现有区域的交叉区域。
* "排除重叠形状"按钮 排除重叠形状 ：从合并路径中排除重叠区域。

举例说明——仰目之神

（1）单击"文件"|"新建"命令，新建一幅名为"仰目之神"的 CMYK 模式图像，设置"宽度"和"高度"分别为 24 厘米和 20 厘米、"分辨率"为 300 像素/英寸、"背景内容"为白色。

（2）单击"窗口"|"路径"命令，弹出"路径"调板，单击调板右上角的调板控制按钮，在弹出的下拉菜单中选择"新建路径"选项，弹出"新建路径"对话框，在"名称"文本框中输入文字"头发"，单击"确定"按钮，新建一个路径图层。

（3）选取工具箱中的钢笔工具，在图像编辑窗口中单击鼠标左键或拖曳鼠标，创建第 1 点、第 2 点和第 3 点，绘制一条曲线，如图 5-5 所示。

（4）用同样的操作方法，在图像编辑窗口中使用钢笔工具绘制一条闭合路径，如图 5-6 所示。

图 5-5　绘制的曲线

图 5-6　绘制的闭合路径

（5）根据上述操作，移动鼠标指针至绘制路径的左侧绘制出人物的脸部、眉毛、眼睛、耳朵、耳环、衣服和手的路径，如图 5-7 所示。

（6）设置前景色为洋红色（CMYK 参数值分别为 0%、92%、0%、0%）；选取工具箱中的画笔工具，在工具属性栏中设置"主直径"为 9、"硬度"为 100%；单击"路径"调板底部的"用画笔描边路径"按钮，用前景色描边路径，并隐藏路径，效果如图 5-8 所示。

图 5-7　绘制的路径

图 5-8　图像效果

5.2.2 使用自由钢笔工具绘制路径

自由钢笔工具用于随意绘图，如同用铅笔在纸上绘图一样。在绘制路径时，系统会自动在曲线上添加锚点，绘制完成后，可以进一步对其进行调整，其属性栏如图 5-9 所示。

图 5-9 自由钢笔工具属性栏

该工具属性栏中部分选项的功能和钢笔工具属性栏中选项功能一样，在此不再赘述，下面将介绍其他选项的功能：

❋ "曲线拟合"数值框：在该数值框中输入 0.5～10.0 像素之间的数值，设置的数值越大，创建的路径锚点越少，路径越简单。

❋ "磁性的"复选框：选中该复选框，"宽度"、"对比"和"频率"选项将被激活，如图 5-10 所示。

其中"宽度"参数可以控制自由钢笔工具捕捉像素的范围，取值范围为 1～256 之间的整数；"对比"参数可以控制自由钢笔工具捕捉像素的范围，取值范围为 1%～100%；"频率"参数可以控制自由钢笔工具的锚点，其取值范围为 0～100 之间的整数，锚点越大，产生的锚点密度就越大。

图 5-10 "自由钢笔选项"下拉调板

举例说明——帅气小伙

（1）单击"文件"|"打开"命令，打开一幅人物素材图像，如图 5-11 所示。

扫码观看教学视频

图 5-11 素材图像

（2）选取工具箱中的自由钢笔工具，单击工具属性栏中的"路径"按钮，并选中"磁性的"复选框。

（3）移动鼠标指针至图像编辑窗口中，在人物衣服的边缘处单击鼠标左键，确定起始点，沿人物的衣服边缘移动鼠标指针，绘制磁性路径线，如图 5-12 所示。

（4）用同样的方法，沿人物衣服边缘移动鼠标指针，最后将鼠标指针移动到起始点上，鼠标指针呈 形状时单击鼠标左键，绘制一条闭合路径，如图 5-13 所示。

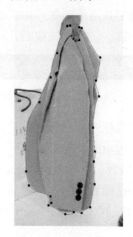

图 5-12 沿衣服拖曳鼠标 　　　　　　　图 5-13 绘制闭合路径

（5）在"路径"调板中，单击其底部的"将路径作为选区载入"按钮，将绘制的路径载入选区，如图 5-14 所示。

（6）单击"图像"|"调整"|"色相/饱和度"命令，弹出"色相/饱和度"对话框，设置"色相"值为-28、"饱和度"值为 41，单击"确定"按钮，调整图像的色相/饱和度；按【Ctrl+D】组合键，取消选区，效果如图 5-15 所示。

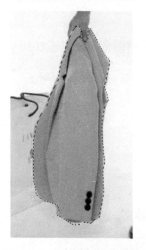

图 5-14 将路径转换为选区 　　　　　　图 5-15 调整色相/饱和度后的效果

5.3　编辑路径

初步绘制的路径可能不符合设计的要求，需要对路径进行进一步的编辑和调整。在实际工作中，编辑路径主要包括添加、删除、选择、移动及复制路径等操作。

5.3.1 添加和删除锚点

选取工具箱中的添加锚点工具 ，可以在现有的路径上单击以添加锚点；选取工具箱中的删除锚点工具 ，可以在现有的锚点上单击以删除锚点。如果在钢笔工具属性栏中选中"自动添加/删除"复选框，则可直接在路径上添加和删除锚点。按住【Alt】键在路径或锚点上单击鼠标左键，可在添加描点工具和删除锚点工具之间进行切换。

举例说明——丝带

（1）选取工具箱中的钢笔工具，绘制一个闭合路径，如图 5-16 所示。

（2）选取工具箱中的添加锚点工具，移动鼠标指针至需要增加的锚点处，鼠标指针呈 形状，单击鼠标左键添加一个锚点，如图 5-17 所示。

图 5-16 绘制的闭合路径

图 5-17 添加锚点径

（3）按住【Ctrl】键的同时，按住鼠标左键向上移动添加的锚点，移动到合适的位置处释放鼠标，选取工具箱中的转换点工具，按住【Alt】键的同时，在添加的锚点上单击鼠标左键，转换添加的锚点为尖突，如图 5-18 所示。

（4）设置前景色为红色（CMYK 参数值分别为 0%、96%、95%、0%），单击"路径"调板中的"用前景色填充路径"按钮，用设置好的前景色对路径进行填充，并隐藏绘制的路径，如图 5-19 所示。

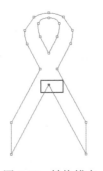
图 5-18 转换锚点

图 5-19 隐藏路径

5.3.2 选择和移动路径

对路径进行编辑时，首先需要选择路径和锚点。在 Photoshop CC 中，选择路径的常用工具是路径选择工具和直接选择工具。

选择路径

使用不同的选择工具选择路径的效果是不一样的，选择路径有以下两种方法：

❀ 选择工具箱中的路径选择工具 ▶，并单击需选择的路径，则被选中的路径以实心点的方式显示各个锚点，如图 5-20 所示。

❀ 选取工具箱中的直接选择工具 ▶，并单击需选择的路径，则被选中的路径以空心点的方式显示各个锚点，如图 5-21 所示。

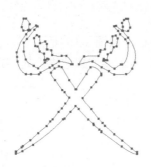 

图 5-20　使用路径选择工具选中路径　　图 5-21　使用直接选择工具选择路径

移动路径

在 Photoshop CC 中，可以使用路径选择工具和直接选择工具移动路径。

在移动路径的操作中，不论使用路径选择工具还是直接选择工具，只要按住【Shift】键拖曳鼠标，即可沿水平、垂直或者 45 度的方向移动路径。

使用直接选择工具移动锚点前后的效果，如图 5-22 所示。

图 5-22　使用直接选择工具移动锚点前后的效果

5.3.3　连接和断开路径

下面介绍连接和断开路径的操作方法。

连接路径

使用钢笔工具绘制路径后，有可能对绘制的路径不满意，需要在其后继续绘制路径。此时可将鼠标指针移动到路径线段的末端，当鼠标指针呈 形状时单击路径的末端锚点，即可连接路径，如图 5-23 所示。

图 5-23　连接路径

📖　断开路径

断开路径有以下两种方法：

❋　命令：当绘制好一个闭合路径后，运用选择工具选中某一锚点，单击"编辑"|"清除"命令，即可断开路径。

❋　快捷键，使用钢笔工具绘制闭合路径后，按住【Ctrl】键的同时单击任意锚点，以选中该锚点，按【Delete】键将其删除，即可断开路径。

使用以上任何一种方法，均可断开路径，如图 5-24 所示。

图 5-24　断开路径

5.3.4　复制路径

选择路径后便可以对其进行复制，以提高工作效率。

复制路径有以下 6 种方法：

❋　调板菜单：单击"路径"调板右上角的调板控制按钮，在弹出的下拉菜单中选择"复制路径"选项，将弹出"复制路径"对话框，如图 5-25 所示。单击"确定"按钮，即可复制路径。

❋　快捷菜单：在"路径"调板中选择当前路径，单击鼠标右键，在弹出的快捷菜单中选择"复制路径"选项（如图 5-26 所示），也将弹出"复制路径"对话框。

❋　鼠标＋按钮：在"路径"调板中，在路径上按住鼠标左键并拖动到调板底部的"创建新路径"按钮上，即可完成复制操作。

❋　快捷键：选中需要复制的路径，按【Ctrl＋C】组合键，复制路径，按【Ctrl＋V】组合键，粘贴复制的路径。

中文版 Photoshop CC 标准培训教程

第 5 章 路径、形状的绘制与应用

图 5-25 "复制路径"对话框

图 5-26 快捷菜单

※ 快捷键＋鼠标 1：在直接选择工具状态下，选中路径，鼠标指针呈 ↖₊ 形状，按住【Alt】键拖曳鼠标，即可复制所选择的路径。

※ 快捷键＋鼠标 2：在钢笔工具状态下，选中路径后，可以按【Ctrl＋Alt】组合键并拖动路径进行复制。

举例说明——海马

（1）选取工具箱中的钢笔工具，绘制海马路径，如图 5-27 所示。

（2）选取工具箱中的路径选择工具，激活海马路径，按住【Alt】键，鼠标指针呈 ↖₊ 形状，按住鼠标左键并向左拖动，复制所选择的路径，如图 5-28 所示。

图 5-27 绘制海马路径

图 5-28 复制的路径

（3）设置前景色为蓝色（RGB 参数值分别为 4、60、173），在图像窗口的空白处单击鼠标左键，取消选择路径，在路径内单击鼠标右键，在弹出的快捷菜单中选择"填充路径"选项，在弹出的"填充路径"对话框中进行参数设置，如图 5-29 所示。

（4）单击"确定"按钮，进行颜色填充，效果如图 5-30 所示。

图 5-29 "填充路径"对话框

图 5-30 填充路径颜色

5.3.5 变换路径

要变换路径的大小和形状，可以通过变换路径功能来完成，使图像效果更加完美。变换路径有以下 4 种方法：

❋ 命令：单击"编辑"|"自由变换"命令。

❋ 快捷键：按【Ctrl＋T】组合键。

❋ 复选框：在路径选择工具属性栏中选择"显示定界框"复选框，并在路径上单击鼠标左键，即可显示变换控制框及其属性栏，如图 5-31 所示。

图 5-31　变换路径属性栏

❋ 快捷菜单：选取路径选择工具，在路径上单击鼠标右键，在弹出的快捷菜单中选择"自由变换路径"选项，如图 5-32 所示。

图 5-32　快捷菜单

自由变换路径并填充颜色后的效果，如图 5-33 所示。

图 5-33　自由变换路径并填充颜色

5.3.6　显示和隐藏路径

在编辑图像的过程中，有时需要将绘制的路径隐藏起来，有时需要将其显示出来。

📖 显示路径

显示路径有以下 3 种方法：

❋ 鼠标：在"路径"调板中单击某个路径缩览图，该路径就会显示在图像窗口中，如图 5-34 所示。

❋ 命令：对于已经隐藏的路径，单击"视图"|"显示"|"目标路径"命令，可显示路径。

❋ 快捷键：对于已经隐藏的路径，按【Ctrl＋Shift＋H】组合键可显示路径。

图 5-34　显示路径

📖 隐藏路径

隐藏路径有以下 5 种方法：

✳ 鼠标：单击"路径"调板的空白处，当前路径便隐藏起来。

✳ 快捷键 1：按【Esc】键。

✳ 快捷键 2：按【Enter】键。

✳ 快捷键 3：按【Ctrl＋Shift＋H】组合键。

✳ 命令：单击"视图"|"显示"|"目标路径"命令。

5.3.7　存储和删除路径

创建路径后，可以将其保存起来。存储路径时可以为该路径命名，也可以由它创建一个剪贴路径。

📖 存储路径

存储路径有以下两种方法：

✳ 按钮：在"路径"调板中拖动工作路径到"创建新路径"按钮上，当按钮呈凹下状态时释放鼠标，即可将工作路径存储并自动命名，如图 5-35 所示。

图 5-35　创建新路径

📖 删除路径

删除路径有以下 7 种方法：

✳ 快捷菜单 1：在"路径"调板中的当前工作路径（如图 5-36 所示）处单击鼠标右键，

在弹出的快捷菜单中选择"删除路径"选项，即可删除路径，如图 5-37 所示。

图 5-36　当前路径　　　　　　　　图 5-37　通过快捷菜单删除路径

❋　快捷菜单 2：选择需要删除的路径，在图像编辑窗口的路径处单击鼠标右键，在弹出的快捷菜单中选择"删除路径"选项。

❋　按钮：在"路径"调板中，选择需要删除的路径为当前工作路径，单击调板底部的"删除当前路径"按钮，弹出提示信息框，单击"是"按钮即可。

❋　调板菜单：在"路径"调板中，单击右上角的调板控制按钮，在弹出的调板菜单中选择"删除路径"选项，即可删除所选择的路径，如图 5-38 所示。

图 5-38　通过调板菜单删除路径

❋　命令：单击"编辑"|"清除"命令。

❋　快捷键＋按钮：按住【Alt】键的同时，单击"路径"调板底部的"删除当前路径"按钮，即可快速删除当前的工作路径。

❋　快捷键：在图像窗口中选择所要删除路径，直接按【Delete】键即可。

5.4　应用路径

路径的应用主要是指在一个路径绘制完成后，将其转换为选区并应用，或者直接对其进行填充及描边等操作，使其产生一些特殊的效果。

5.4.1　填充路径

填充路径必须在普通图层中进行，系统会使用前景色填充闭合路径包围的区域。对于开放路径，系统会使用最短的直线将路径闭合之后再进行填充。

填充路径有以下 5 种方法：

❋　按钮：在图像窗口中选择需要填充的路径，单击"路径"调板底部的"用前景色填充路径"按钮，即可填充前景色。

✳ 鼠标拖曳＋按钮：在"路径"调板中选择需要填充的路径，将其拖动至调板底部的"用前景色填充路径"按钮上。

 ✳ 快捷菜单：在图像编辑窗口中选择需要填充的路径，单击鼠标右键，在弹出的快捷菜单中选择"填充路径"选项。

 ✳ 鼠标＋按钮：选择需要填充的路径，按住【Alt】键的同时，单击"路径"调板底部的"用前景色填充路径"按钮。

 ✳ 调板菜单：选择需要填充的路径，单击调板右上角的调板控制按钮，在弹出的调板菜单中选择"填充路径"选项。

使用后面 3 种操作方法，都将弹出"填充路径"对话框，如图 5-39 所示。

图 5-39　"填充路径"对话框

举例说明——熊猫

（1）按【Ctrl＋O】组合键，打开一幅熊猫路径素材，如图 5-40 所示。

（2）选取工具箱中的路径选择工具，在图像编辑窗口中的路径上，按住【Alt】键，鼠标指针呈 ▶₊ 形状时，按住鼠标左键并拖动，复制该路径。

（3）单击"编辑"|"自由变换"命令或者按【Ctrl＋T】组合键，调出变换控制框，在变换控制框内单击鼠标右键，在弹出的快捷菜单中选择"水平翻转"选项，水平翻转路径并缩放至合适大小，效果如图 5-41 所示。

（4）设置前景色为红色（RGB 参数值分别为 255、0、0），单击"路径"调板底部的"用前景色填充路径"按钮，为路径填充颜色，并隐藏路径，效果如图 5-42 所示。

图 5-40　熊猫路径素材　　　　图 5-41　复制路径调整效果　　　　图 5-42　用前景色填充路径

5.4.2　描边路径

描边路径是对已绘制完成的路径边缘进行描边。

描边路径有以下 4 种方法：

 ✳ 单击"路径"调板底部的"用画笔描边路径"按钮，即可对路径进行描边。

 ✳ 选取工具箱中的路径选择工具或直接选择工具，在图像窗口中单击鼠标右键，在弹出的快捷菜单中选择"描边路径"选项，弹出"描边路径"对话框，在该对话框的"工具"下拉列表框中选择一种需要的工具，单击"确定"按钮，即可使用所选择的工具对路径进行描边。

※ 单击"路径"调板右上角的调板控制按钮，在弹出的调板菜单中选择"描边路径"选项，将弹出"描边路径"对话框。

※ 按住【Alt】键的同时，单击"路径"调板底部的"用画笔描边路径"按钮，将弹出"描边路径"对话框。

举例说明——大象

（1）选取工具箱中的钢笔工具，绘制一个大象路径，如图 5-43 所示。

（2）单击工具箱中的"前景色"图标，在弹出的"拾色器"对话框中，设置"颜色"为蓝色（RGB 参数值分别为 0、0、255）。

（3）按住【Alt】键的同时，单击"路径"调板底部的"用画笔描边路径"按钮，弹出"描边路径"对话框，如图 5-44 所示。

图 5-43　绘制的大象路径　　　　图 5-44　"描边路径"对话框

（4）单击"工具"下拉按钮，在弹出的下拉列表中选择"铅笔"选项，如图 5-45 所示。

（5）单击"确定"按钮，对路径进行描边，按【Enter】键隐藏路径，效果如图 5-46 所示。

图 5-45　弹出下拉列表　　　　图 5-46　描边路径

5.4.3　将路径转换为选区

在 Photoshop CC 中可以将创建的路径转换为选区，有以下 7 种方法：

第
5
章
路
径
、
形
状
的
绘
制
与
应
用

＊ 快捷键：按【Ctrl＋Enter】组合键，可以将当前路径转换为选区。如果所选路径是开放路径，那么转换成的选区将是路径的起点和终点连接起来而形成的闭合区域。

＊ 按钮：单击"路径"调板底部的"将路径作为选区载入"按钮，即可将当前路径转换为选区。

＊ 缩览图：按住【Ctrl】键的同时，单击"路径"调板中的路径缩览图，也可以将选区载入到图像中。

＊ 调板菜单：在"路径"调板中选择需要的路径，单击其右上角的调板控制按钮，在弹出的调板菜单中选择"建立选区"选项，弹出"建立选区"对话框，如图 5-47 所示。设置所需的选项，单击"确定"按钮即可。

图 5-47 "建立选区"对话框

＊ 快捷键＋按钮：按住【Alt】键的同时，单击"路径"调板底部的"将路径作为选区载入"按钮，弹出"建立选区"对话框。

＊ 快捷菜单 1：在"路径"调板中的路径图层上单击鼠标右键，在弹出的快捷菜单中选择"建立选区"选项。

＊ 快捷菜单 2：绘制好路径后，在图像编辑窗口中单击鼠标右键，在弹出的快捷菜单中选择"建立选区"选项，弹出"建立选区"对话框。

在该对话框中可以设置"羽化半径"值，用来定义羽化边缘在选区边框内外的伸展距离；选中"消除锯齿"复选框，可以定义选区中的像素与周围像素之间的精细过渡，单击"确定"按钮，即可将路径转换为选区，如图 5-48 所示。

图 5-48 路径转换为选区

5.4.4 将选区转换为路径

将选区转换为路径有以下 4 种方法：

＊ 按钮：单击"路径"调板底部的"从选区生成工作路径"按钮，可将当前选择区域

转换为路径状态。

※ 快捷菜单 1：单击"路径"调板右上角的调板控制按钮，在弹出的快捷菜单中选择"建立工作路径"选项（如图 5-49 所示），弹出"建立工作路径"对话框，如图 5-50 所示。设置所需的参数，单击"确定"按钮即可。

※ 快捷键＋按钮：按住【Alt】键的同时，单击"路径"调板底部的"从选区生成工作路径"按钮，将弹出"建立工作路径"对话框。

※ 快捷菜单 2：在图像编辑窗口中单击鼠标右键，在弹出的快捷菜单中选择"建立工作路径"选项。

图 5-49 "建立工作路径"选项　　　　图 5-50 "建立工作路径"对话框

5.4.5 路径布尔运算

在绘制路径的过程中，可以根据加、减、交叉和重叠来对路径进行布尔运算，从而得到一些特殊的造型。

路径选择工具属性栏中有 4 个运算按钮，如图 5-51 所示。

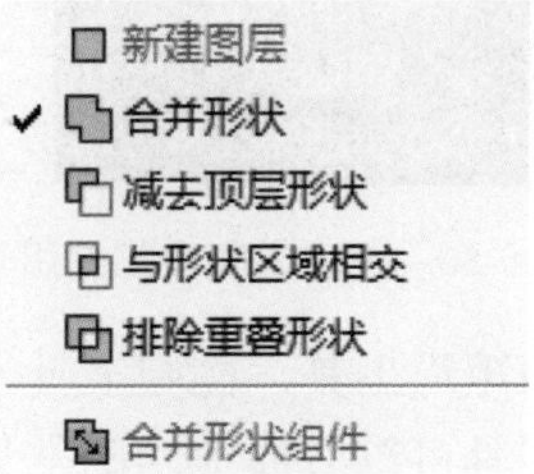

图 5-51 路径运算按钮

各运算按钮的含义如下：

※ "合并形状"按钮：单击该按钮，可向原有路径中添加新路径所定义的区域，此时"路径"调板及图像效果如图 5-52 所示。

※ "减去顶层情况"按钮：单击该按钮，可删除新路径与原路径的重叠区域，此时"路径"调板及图像效果如图 5-53 所示。

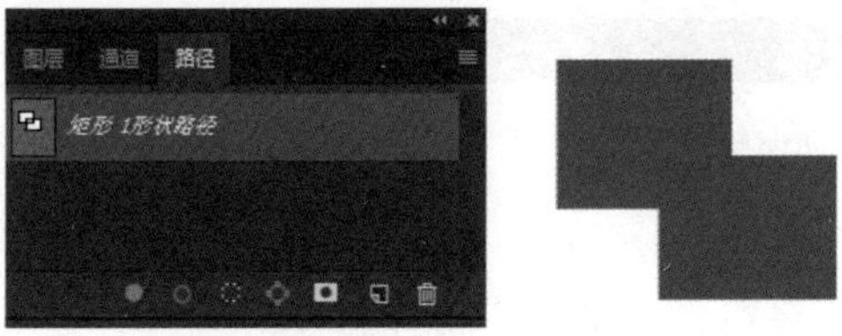

图 5-52 合并形状效果　　　　　　图 5-53 减去顶层情况效果

❋ "与形状区域相交"按钮 ：单击该按钮，则生成的新区域为新路径与原有路径的交叉区域，此时"路径"调板及图像效果如图 5-54 所示。

❋ "重叠路径区域除外"按钮 ：选择该按钮，则生成的新区域被定义为新路径与原有路径的交叉区域之外的部分，此时"路径"调板及图像效果如图 5-55 所示。

图 5-54　与形状区域相交效果　　　　图 5-55　重叠路径区域除外效果

5.5　创建路径形状

创建路径形状不仅可以使用工具箱中的钢笔工具，还可以使用矢量图形工具。在默认情况下，工具箱中的矢量图形工具按钮显示的是矩形工具，在该按钮上单击鼠标右键，可弹出复合工具组，如图 5-56 所示。

图 5-56　弹出的复合工具组

矢量图形工具由矩形工具、圆角矩形工具、椭圆工具、多边形工具、直线工具和自定形状工具 6 种工具组成，通过这几种工具可以方便地绘制常见的图形。

5.5.1　使用矩形工具绘制路径形状

使用矩形工具可以绘制各种矩形和正方形。

📖 **矩形路径**

使用矩形工具可以绘制出矩形形状的图形或者路径，其属性栏如图 5-57 所示。

图 5-57　矩形工具属性栏

该工具属性栏中各主要选项的含义如下：

❋ 形状：选中该单选按钮，将会出现三种选择形式：形状、路径和像素。

❋ 填充：选中该单选按钮，可以选择所画形状内部所要填充的颜色。

※ 固定大小：选中该单选按钮，可以在其右侧的 W 和 H 数值框中输入适当的数值来定义形状、路径或图形的宽度与高度。

※ 描边：选中该单选按钮，可以选择所画形状边缘的颜色。

※ 路径操作：可以将所画若干形状进行操作，比如：合并形状等操作。

※ 对齐像素：选中该复选框，可以使矩形的边缘无锯齿现象。

📖 圆角矩形路径

选取工具箱中的圆角矩形工具，其属性栏比矩形工具属性栏多出一个"半径"数值框，如图 5-58 所示。

图 5-58　圆角矩形工具属性栏

该工具属性栏中的"半径"数值框用于设置圆角半径的大小，半径值越大，得到的矩形边就越圆滑；当数值为 100 px 时，可绘制椭圆路径。

举例说明——帅气小伙

（1）单击"文件"|"打开"命令，打开一幅人物素材图像，如图 5-59 所示。

扫码观看教学视频

（2）选取工具箱中的圆角矩形工具，在工具属性栏中设置"半径"值为 15 px，移动鼠标指针至图像窗口，按住鼠标左键并拖动，创建一个圆角矩形路径，如图 5-60 所示。

图 5-59　素材图像

图 5-60　绘制的圆角矩形

（3）单击"路径"调板底部的"将路径作为选区载入"按钮，将路径载入选区，如图 5-61 所示。

（4）单击"选择"|"反向"命令，将选区反向选择；按【Delete】键，删除选区内的部分；按【Ctrl＋D】组合键，取消选区，效果如图 5-62 所示。

图 5-61　载入的选区

图 5-62　删除选区后的效果

5.5.2 使用椭圆工具绘制路径形状

椭圆工具属性栏设置与圆角矩形一样，所不同的是绘制的形状是椭圆或正圆形，如图 5-63 所示。

图 5-63 椭圆工具属性栏

5.5.3 使用多边形工具绘制路径形状

选取工具箱中的多边形工具，在其属性栏中可以设置"边"数值，即多边形的边数，单击"自定形状工具"选项右侧的三角形按钮，弹出"多边形选项"下拉调板，如图 5-64 所示。

图 5-64 多边形工具属性栏

该工具属性栏中各主要选项的含义如下：

❋ 半径：设置多边形的半径。

❋ 平滑拐角：设置多边形的边角为圆角，如图 5-65 所示。

❋ 星形：选中该复选框，可以绘制星形，如图 5-66 所示。

图 5-65 平滑拐角   图 5-66 绘制星形

❋ 缩进边依据：用于设置多边形边缘的收缩量，其取值范围为 1%～99%，如图 5-67 所示为不同数值时的星形效果。

数值为50%时的效果   数值为80%时的效果

图 5-67 设置不同数值时绘制的星形

❋ 平滑缩进：平滑设置好的收缩边缘，如图 5-68 所示。

正常情况下，使用多边形工具绘制的多边形如图 5-69 所示。

图 5-68　平滑缩进　　　　　　图 5-69　绘制的多边形

5.5.4　使用直线工具绘制路径形状

使用直线工具可以直接绘制直线和箭头，单击工具属性栏中的"自定形状工具"选项右侧的下拉按钮，弹出"箭头"下拉调板，如图 5-70 所示。在其中可以为线段的起点或终点添加箭头。

图 5-70　直线工具属性栏

该工具属性栏中各主要选项的含义如下：

❋ 粗细：用于设置线段的粗细。
❋ 起点：为线段的起始位置添加箭头。
❋ 终点：为线段的终止位置添加箭头。
❋ 宽度/长度：用于指定箭头的比例，其取值范围为 10%～1000%。
❋ 凹度：用于设置箭头尖锐程度，其取值范围为-50%～50%。

使用直线工具绘制的箭头如图 5-71 所示。

图 5-71　使用直线工具绘制的箭头

5.5.5　使用自定义形状工具绘制路径形状

使用自定义形状工具可以在图像编辑窗口中绘制一些图形和自定义的形状。

选取工具箱中的自定义形状工具，单击工具属性栏"形状"选项右侧的下拉按钮，弹出"形状"调板，如图 5-72 所示。

将鼠标指针移至"形状"调板的右下角，鼠标指针将呈 ↘ 形状，按住鼠标左键并拖动，即可随意调整调板的大小和位置，然后单击调板右上角的调板控制按钮，在弹出的调板菜单中选择"全部"选项，在弹出的提示信息框中单击"确定"按钮或"追加"按钮，即可载入所有的形状，如图 5-73 所示。

图 5-72　自定义形状工具属性栏

图 5-73　载入全部形状

举例说明——花样相框

（1）按【Ctrl＋O】组合键，分别打开背景素材和人物素材图像，如图 5-74 所示。

图 5-74　素材图像

（2）确认背景素材图像为当前图像，选取工具箱中的自定形状工具，在"形状"调板中选择如图 5-75 所示的形状。

（3）在图像编辑窗口中拖曳鼠标，绘制该形状，如图 5-76 所示。

（4）单击"窗口"|"样式"命令，弹出"样式"调板，选取如图 5-77 所示的样式。

（5）在"图层"调板底部的灰色底板空白处单击鼠标左键，将路径隐藏，效果如图 5-78 所示。

图 5-75　选择形状

图 5-76　绘制形状

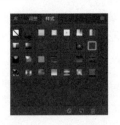

图 5-77　"样式"调板

图 5-78　图像效果

（6）确认人物素材为当前工作图像；选取工具箱中的移动工具，将人物素材拖曳至背景素材图像窗口中，按【Ctrl＋T】组合键，调出变换控制框，将图像缩放至合适大小并调整位置，效果如图 5-79 所示。

（7）按【Ctrl＋［】组合键，将其移至"形状 1"图层的下方，效果如图 5-80 所示。

图 5-79　置入图像

图 5-80　图像效果

5.6　其他工具

在 Photoshop CC 中，除了以上工具外，还有一些功能比较特殊的工具，如切片工具、标尺工具、注释工具，下面就来讲解这些特殊工具的功能和使用方法。

5.6.1　切片工具

切片工具组包括切片工具 和切片选择工具 ，切片工具主要用于分割图像，切片选择工具主要用于编辑切片。

选取工具箱中的切片工具，将鼠标指针移动到图像文件中并拖曳鼠标，即可在图像中创建切片，如图 5-81 所示。

图 5-81　创建切片

此时，将鼠标指针移到所选切片的任意一个边缘，当鼠标指针显示为双向箭头时，按住鼠标左键并拖动，可调整切片的大小；将鼠标指针移动到所选切片内，按住鼠标左键并拖动，可调整切片的位置，释放鼠标后，图像中将产生新的切片。

5.6.2 标尺工具

使用标尺工具，可以在图像中的任意位置处拖曳鼠标，创建一条测量线，如图 5-82 所示。

图 5-82 测量距离

选取工具箱中的标尺工具，其属性栏如图 5-83 所示。

| X: 1 | Y: 668 | W: 832 | H: 0 | A: 0.0° | L1: 832.00 | L2: | □ 使用测量比例 | 拉直图层 | 清除 |

图 5-83 标尺工具测量长度时的工具属性栏

* X 值和 Y 值：显示测量起点的坐标值。
* W 值和 H 值：显示测量起点与终点的水平、垂直距离。
* A 值：显示测量线与水平方向间的角度。
* L1 值：显示当前测量线的角度。
* 清除：单击该按钮，可以将当前测量的数值和图像中的测量线清除。

选取标尺工具，在图像中的任意位置处拖曳鼠标，创建一条测量线，按住【Alt】键，将鼠标指针移至创建的测量线端点处，当鼠标指针显示带加号的角度符号时，拖曳鼠标创建第 2 条测量线，如图 5-84 所示。

| X: 283 | Y: 554 | W: | H: | A: 138.6° | L1: 181.43 | L2: 72.01 | □ 使用测量比例 | 拉直图层 | 清除 |

图 5-84 测量角度和"信息"调板显示

5.6.3　注释工具

编辑图像时可以加以注释，将其作为图像的说明，起到提示的作用，包括图层复合和注释工具两种，其快捷键为【I】键，可按【Shift＋I】组合键在两个工具之间进行切换。

选取工具箱中的注释工具，其属性栏如图 5-85 所示。

图 5-85　注释工具属性栏

该工具属性栏中各主要选项的含义如下：

※　作者：在该文本框中可以输入用户或作者的姓名。

※　颜色：单击色块可弹出"拾色器"对话框，在其中可设置所需的注释窗口颜色。

※　清除全部：单击该按钮，可以将图像中的注释全部清除。

习　题

一、填空题

1. 路径由_____或_____构成，用_____来标记路径线段的端点。
2. _____工具是绘制路径的基本工具，使用该工具可以创建直线或平滑的曲线。
3. 按_____组合键，可以将当前路径转换为选择区域。

二、简答题

1. 填充路径有哪几种方法？
2. 将路径转换为选区有哪几种方法？

三、上机操作

1. 使用形状工具绘制如图 5-86 所示的图像效果。

图 5-86 绘制的形状图形

关键提示：选取工箱中的自定形状工具，在"形状"调板中选择合适的形状，然后使用"样式"调板为绘制的图像添加图层样式。

2．制作如图 5-87 所示的礼品插画。

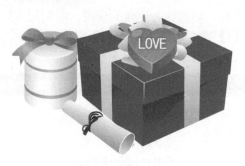

图 5-87　礼品插画

关键提示：使用钢笔工具绘制相应的路径，将路径转换为选区，并填充渐变色，然后输入文字。

第6章 色彩艺术

■本章概述

本章主要讲解调整图像色调和色彩的功能。掌握了如何对图像色调和色彩进行调整的技能，才能制作出视觉冲击力强的作品。

■方法集锦

6.1 识别色域范围外的颜色

大多数扫描的照片在 CMYK 色域里都包含 RGB 颜色，将图像转换为 CMYK 颜色模式时会轻微地改变这些颜色。数字化创建的图像经常包含 CMYK 颜色色域以外的 RGB 颜色。

📖 预览 RGB 颜色模式里的 CMYK 颜色

将 RGB 颜色模式的图像转换为 CMYK 颜色模式时，可以预览 RGB 颜色模式里的 CMYK 颜色值。单击"图像"|"模式"|"CMYK 颜色"命令，即可在 RGB 颜色模式里查看 CMYK 颜色，如图 6-1 所示。

图 6-1 在 RGB 颜色模式中查看 CMYK 颜色

📖 识别图像色域外的颜色

在设计图像的过程中，当遇到溢色情况时，可以查看图像中的溢色范围并用相应的方法处理溢色，使之转换为当前 CMYK 色彩空间内的可输出颜色。

单击"视图"|"色域警告"命令，此时，图像上将出现一些灰色区域，如图 6-2 所示。如果想将色域警告颜色删除，可以单击"图像"|"模式"|"CMYK 颜色"命令，效果如图 6-3 所示。

图 6-2　色域警告

图 6-3　删除色域警告颜色

6.2　图像颜色校正技巧

颜色校正包括改变图像的色相、饱和度、阴影、中间调或高亮区域等，使最终的输出结果尽可能令人满意。颜色校正经常需要补偿颜色品质的损失，在确保图像的颜色与原来的颜色相符方面显得非常重要，并且可能产生一个超过原色效果的改进颜色。图像颜色校正和修整还需要一些经过实践总结出来的艺术技巧。

6.2.1　图像分析

图像数字化之后，应仔细查找有缺陷的地方。许多数字化后的图像在屏幕上以真实尺寸显示时，看起来接近于完美，但当放大或打印出来后，缺陷就变得明显了。要正确分析图像，可放大不同的区域，仔细检查图像轮廓是清晰鲜明还是模糊。如果图像在编辑时就有缺陷，则应在修整和颜色校正之前用较好的设备或在较高的分辨率下重新数字化。

图像数字化以后，可以单击"文件"|"存储为"命令对原始数字化图像进行备份，这是极为重要的，因为颜色校正或修整工作可能会删掉本不应被替代的细节或颜色。如果需要重新开始，或从原始图像中取样，对删去的细节进行复制，则可以使用备份的图像。

处理图像时，可以使用"信息"调板、吸管工具读取图像的信息，以进行图像的校正。习惯使用颜色数值后，就可以利用"信息"调板中的读数而不是显示器作为图像色调和颜色的正确指导，这是一种十分准确的方式。

6.2.2　使用调整图层

在调整图像时，Photoshop CC 允许通过调整图层来调整图像并修改设置，并允许通过蒙版查看图像校正的结果，且可以编辑蒙版，而不会影响其下面的像素。如果需要改变之前的调整，也可以通过图层进行操作。

举例说明——金黄秋叶

（1）单击"文件"|"打开"命令，打开一幅秋叶素材图像，如图6-4所示。

（2）单击"图层"调板底部的"创建新的填充或调整图层"按钮，在弹出的下拉菜单中选择"色彩平衡"选项，弹出"色彩平衡"对话框，设置"色阶"分别为+11、-16、-12。

（3）单击"确定"按钮，"图层"调板中将自动创建一个调整图层——"色彩平衡 1"图层，图像调整后的效果如图6-5所示。

图 6-4　素材图像　　　　　　　　　图 6-5　调整后的图像效果

6.3　用直方图查看图像的色调

"直方图"通过图形显示了图像像素在各个色调区的分布情况，它向用户显示了图像在暗调、中间调和高光区域是否包含足够的细节，以便进行更好的校正。

通过"直方图"也可快速浏览图像色调或图像基本色调类型。低色调图像的细节集中在暗调处，高色调图像的细节集中在高光处，而平均色调图像的细节集中在中间调处。全色调范围的图像在这些区域中都有大量的像素。识别色调范围有助于确定相应的色调校正。在默认情况下，直方图显示整幅图像的色调范围。

举例说明——江南水乡

（1）单击"文件"|"打开"命令，打开一幅江南风景图像，如图6-6所示。

图 6-6　素材图像

（2）单击"窗口"|"直方图"命令，弹出"直方图"调板，如图6-7所示。

（3）单击"直方图"调板右上角的调板控制按钮，在弹出的调板菜单中选择"扩展视图"选项，如图6-8所示。

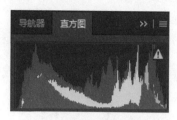

图6-7　"直方图"调板

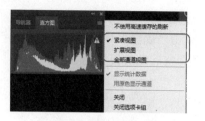

图6-8　调板菜单

（4）此时在直方图预览区中拖动出一个选择区域，可在其下方显示图像的色阶值、数量及百分位，如图6-9所示。

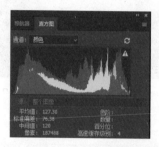

图6-9　"直方图"调板中的区域

"直方图"调板中各主要选项的含义如下：

※　通道：在该下拉列表框中可以选择显示亮度分布的通道；其中的"明度"选项表示复合通道的明度；"红"、"绿"和"蓝"选项则表示单个通道的明度，如果选择"颜色"选项，则在直方图中以不同的颜色显示。

※　平均值：显示图像像素的平均亮度值。

※　标准偏差：显示图像像素亮度值的变化范围。

※　中间值：显示明度值范围内的中间值。

※　像素：显示直方图的像素总数。

※　色阶：显示指针所指区域的明度级别。

※　数量：显示指针所指区域明度级别的像素总数。

※　百分位：显示指针的级别或该级别以下的像素累计数。该值表示图像中所有像素的百分数，从最左侧的0%到最右侧的100%。

※　高速缓存级别：显示图像高速缓存的设置。

6.4　图像色彩的基本调整

图像色彩的调整有6种常用方法，主要是使用色阶、曲线、变化等命令，下面将分别进行介绍。

6.4.1 色阶

"色阶"命令用于调整图像的阴影、中间调和高光的强度级别，从而校正图像的色调范围和色彩平衡。"色阶"直方图用作调整图像基本色调的直观参考。

使用"色阶"命令调整图像色彩有以下两种方法：

⁂ 命令：单击"图像"|"调整"|"色阶"命令。

⁂ 快捷键：按【Ctrl＋L】组合键。

举例说明——花

（1）单击"文件"|"打开"命令，打开一幅花素材图像，如图 6-10 所示。

（2）单击"图像"|"调整"|"色阶"命令，弹出"色阶"对话框，在该对话框中设置"色阶"值分别为 14、0.90、228，如图 6-11 所示。

 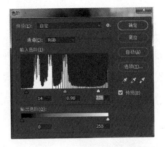

图 6-10　素材图像　　　　　图 6-11　"色阶"对话框

该对话框中各主要选项的含义如下：

⁂ 通道：在该下拉列表框中可以选择要进行色调调整的颜色通道。

⁂ 输入色阶：可以在色阶数值框中输入所需的数值或拖动直方图下方的滑块来分别设置图像的暗调、中间调和高光。

⁂ 输出色阶：可以拖动暗部和亮部滑块或在数值框中输入数值来定义的暗调和高光值。

⁂ 设置黑场：在图像窗口中进行取样时，单击该按钮，取样位置的图像将会变暗。

⁂ 设置灰点：在图像窗口中进行取样时，单击该按钮，取样位置的图像中的中间色调变成平均亮度。

⁂ 设置白场：在图像窗口中进行取样时，单击该按钮，取样位置的图像中的明亮区域将变得更亮。

（3）单击"确定"按钮，调整后的图像效果如图 6-12 所示。

图 6-12　图像效果

第
6
章

色
彩
艺
术

6.4.2 自动色阶

"自动色阶"命令与"色阶"对话框中的"自动"按钮功能完全相同。该命令通过将每个通道中最亮和最暗的像素定义为白色和黑色，然后按比例重新分配中间像素值来自动调整图像的色调。

使用"自动色阶"命令调整图像色彩有以下两种方法：

❋ 命令：单击"图像"|"调整"|"自动色阶"命令。

❋ 快捷键：按【Shift＋Ctrl＋L】组合键。

6.4.3 曲线

"曲线"命令与"色阶"命令类似，都可以调整图像的整个色调范围，是应用非常广泛的色调调整命令，不同的是"曲线"命令不仅仅使用 3 个变量（高光、暗调、中间调）进行调整，而且还可以调整 0～225 以内的任意点，同时保持 15 个其他值不变。另外，也可以使用"曲线"命令对图像中的个别颜色通道进行精确的调整。

使用"曲线"命令调整图像色彩有以下两种方法：

❋ 命令："图像"|"调整"|"曲线"命令。

❋ 快捷键：按【Ctrl＋M】组合键。

举例说明——道路美景

（1）单击"文件"|"打开"命令，打开一幅道路美景素材图像，如图 6-13 所示。

扫码观看教学视频

（2）单击"调整"|"图像"|"曲线"命令或按【Ctrl＋M】组合键，弹出"曲线"对话框，单击"曲线工具"按钮，在"曲线"对话框中的调节曲线处单击鼠标左键并拖动，以改变曲线的形状，如图 6-14 所示。

图 6-13 素材图像

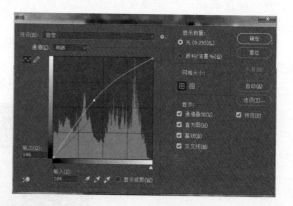

图 6-14 "曲线"对话框

"曲线"对话框中各主要选项的含义如下：

※ 预设：该下拉列表框中含有曲线的呈现模式。

※ 通道：在通道下拉列表框中包括 RGB、红、绿、蓝 4 个选项。

（3）单击"确定"按钮，调整曲线后的效果如图 6-15 所示。

图 6-15　图像效果

6.4.4　亮度/对比度

使用"亮度/对比度"命令可以对图像的色调范围进行简单的调整，其与"曲线"和"色阶"命令不同，它对图像中的每个像素均进行同样的调整。"亮度/对比度"命令对单个通道不起作用，建议不要用于高端输出，以免引起图像中细节的丢失。

举例说明——宾馆一景

（1）单击"文件"|"打开"命令，打开一幅宾馆素材图像，如图 6-16 所示。

（2）单击"图像"|"调整"|"亮度/对比度"命令，弹出"亮度/对比度"对话框，设置各项参数，如图 6-17 所示。

图 6-16　素材图像

图 6-17　"亮度/对比度"对话框

第 6 章　色彩艺术

该对话框中各主要选项的含义如下：

❋ 亮度：用于调整图像的明暗度，其取值范围为-100～100 之间的整数。可以直接输入数值，也可以拖动数值框下方的滑块得到所需数值，当向右拖动滑块时，可以增加亮度，反之则降低亮度。

❋ 对比度：用于调整图像的对比度，其取值范围为-100～100 之间的整数。可以直接输入数值，也可以拖动数值框下方的滑块得到所需数值，当向右拖动滑块时，可以提高图像的对比度，反之则降低图像的对比度。

（3）单击"确定"按钮，调整后的图像效果如图 6-18 所示。

图 6-18　图像效果

6.4.5　自动对比度

使用"自动对比度"命令可让系统自动调整图像中颜色的总体对比度和混合颜色，该命令不是单独调整各通道，所以不会引入或消除色偏。它将图像中最亮和最暗的像素映射为白色和黑色，使高光显得更亮而暗调显得更暗。

当标识图像中最亮和最暗的像素时，"自动对比度"命令将剪切白色和黑色像素的 0.5%。这种颜色剪切可保证白色和黑色值是基于代表性像素值，而不是极端像素值。

"自动对比度"命令可以改进许多摄影或连续色调的外观，但不能改进单色图像。

使用"自动对比度"命令调整图像色彩有以下两种方法：

❋ 命令：单击"图像"|"调整"|"自动对比度"命令。

❋ 快捷键：按【Alt＋Shift＋Ctrl＋L】组合键。

6.4.6　自动颜色

"自动颜色"命令可通过搜索实际图像来标识暗调、中间调和高光区域，并据此调整图像的对比度和颜色。默认情况下，"自动颜色"命令使用 RGB（128、128、128）灰色目标颜色来中和中间调，并将暗调和高光像素剪切 0.5%。

用户可以使用"自动颜色校正选项"对话框来设置这些默认值，单击"色阶"和"曲线"对话框中的"选项"按钮，即可打开该对话框。

使用"自动颜色"命令调整图像色彩有以下两种方法：

❋ 命令：单击"图像"|"调整"|"自动颜色"命令。

❋ 快捷键：按【Shift＋Ctrl＋B】组合键。

6.5　图像色调的高级调整

图像色调的高级调整有 9 种常用方法，主要通过"色彩平衡"、"色相/饱和度"、"可选颜色"等命令进行操作，下面将分别介绍使用各命令进行色调调整的方法。

6.5.1　色彩平衡

"色彩平衡"命令用于更改图像的总体颜色混合，纠正图像中出现的色偏。使用该命令之前必须在"通道"调板中选择复合通道，因为只有在复合通道下该命令才可用。

使用"色彩平衡"命令调整图像色调有以下两种方法：

❋ 命令：单击"图像"|"调整"|"色彩平衡"命令。

❋ 快捷键：按【Ctrl＋B】组合键。

举例说明——草莓红了

（1）在 Photoshop CC 工作界面中的灰色空白区域处双击鼠标左键，打开一幅草莓素材图像，如图 6-19 所示。

（2）单击"图像"|"调整"|"色彩平衡"命令，弹出"色彩平衡"对话框，设置"色阶"分别为-27、-7、+27，如图 6-20 所示。

图 6-19　素材图像　　　　　　　图 6-20　"色彩平衡"对话框

该对话框中各主要选项的含义如下：

❋ 色彩平衡：拖曳"色彩平衡"选项区中的 3 个滑块可调整颜色，或在滑块上方的数值框中输入-100～100 之间的数值来改变颜色的组成。

❋ 色调平衡：选中"色调平衡"选项区中的"阴影"、"中间调"或"高光"单选按钮，即选择要着重更改的色调范围。

※ 预览：选中该复选框，可以随时观察调整的图像效果。

（3）单击"确定"按钮，调整后的图像效果如图6-21所示。

图 6-21 图像效果

6.5.2 色相/饱和度

使用"色相/饱和度"命令可以调整整幅图像或单个颜色分量的色相、饱和度和亮度值，或者同时调整图像中所有颜色。在 Photoshop CC 中，此命令尤其适用于微调 CMYK 图像的颜色，以便颜色值处在输出设备的色域内。

使用"色相/饱和度"命令调整图像色调有以下两种方法：

※ 命令：单击"图像"|"调整"|"色相/饱和度"命令。

※ 快捷键：按【Ctrl＋U】组合键。

举例说明——银杏熟了

（1）单击"文件"|"打开"命令，打开一幅银杏素材图像，如图6-22所示。

（2）选取工具箱中的魔棒工具，在工具属性栏中设置"容差"值为40，移动鼠标指针至图像窗口，在银杏图像上单击鼠标左键，创建选区，按住【Shift】键对其他的银杏进行加选，创建如图6-23所示的选区。

图 6-22 素材图像

图 6-23 创建选区

（3）单击"图像"|"调整"|"色相/饱和度"命令或按【Ctrl＋U】组合键，弹出"色相/饱和度"对话框，设置"色相"为-16、"饱和度"为+53、"明度"为0，如图6-24所示。

（4）单击"确定"按钮，执行"色相/饱和度"命令；按【Ctrl＋D】组合键取消选区，效果如图6-25所示。

图 6-24 "色相/饱和度"对话框

图 6-25 图像效果

该对话框中各主要选项的含义如下：

❋ 编辑：在该下拉列表框中可以选择"全图"选项，这样可以同时调整图像中所有的颜色，也可以对单个颜色部分进行单独调节。

❋ 色相：用于调整图像的色相。可以在其右侧的数值框中输入数值，其取值范围为 -180～180 之间的整数，或者拖动数值框下方的滑块到适当的位置。

❋ 饱和度：用于调整图像的饱和度，可以在其右侧的数值框中输入数值，其数值范围为 -100～100 之间的整数。

❋ 明度：用于调整图像的明亮程度，可以在其右侧的数值框中输入数值，其取值范围为 -100～100 之间的整数。

❋ 着色：选中该复选框，则可将图像变成单一颜色的图像。

6.5.3 匹配颜色

使用"匹配颜色"命令可以将一张照片中的颜色与另一张照片相匹配、将一个图层的颜色与另一个图层相匹配、将一个图像中选区的颜色与同一图像或不同图像中另一个选区相匹配。该命令还可以用于调整亮度和颜色的范围并中和图像中的色痕。"匹配颜色"命令仅适用于 RGB 颜色模式的图像。

举例说明——璀璨情缘

（1）单击"文件"|"打开"命令，打开两幅首饰素材图像，如图 6-26 所示。

素材 1

素材 2

图 6-26 素材图像

（2）确认"素材 2"图像为当前工作图像，单击"图像"|"调整"|"匹配颜色"命令，弹出"匹配颜色"对话框，并设置各项参数，如图 6-27 所示。

（3）单击"确定"按钮，调整后的图像效果如图 6-28 所示。

该对话框中各主要选项的含义如下：

❋　目标：目标是指当前操作图像文件的名称、图层名称及颜色模式。

❋　应用调整时忽略选区：如果在图像中创建了选择区域，并要将调整应用于整个目标图像，则可选中该复选框，匹配颜色时会忽略目标图像中的选区，并将调整应用于整个目标图像。

❋　明亮度：拖动该选项下方的滑块，可以调节图像的亮度，设置的数值越大，图像的亮度越高。

❋　颜色强度：拖动该选项下方的滑块，可以调整图像的颜色饱和度，设置的数值越大，得到的图像所匹配的颜色饱和度越大。

图 6-27　"匹配颜色"对话框　　　　　　图 6-28　图像效果

❋　渐隐：拖动该选项下方的滑块，可以得到图像颜色与图像的原色相近的程度，设置的数值越大，得到的图像越接近匹配颜色的效果。

❋　使用源选区计算颜色：选中该复选框，可以在原图像创建的选区中进行颜色计算调整；取消选择该复选框，则不对选区进行颜色计算调整。

❋　使用目标选区计算调整：选中该复选框，可以在目标图像创建的选区中进行颜色计算调整；取消选择该复选框，则不对目标选区进行颜色计算调整。

❋　源：在"源"下拉列表框中可以选取要将其颜色与目标图像中的颜色相匹配的源图像。如果不希望参考另一个图像来计算色彩调整，则可选择"无"选项，此时，目标图像和源图像相同。

❋　图层：在该下拉列表框中可以从要匹配其颜色的源图像中选取图层，如果要匹配源图像中所有图层的颜色，则可从"图层"下拉列表框中选择"合并的"选项。

6.5.4　替换颜色

使用"替换颜色"命令可以创建蒙版，以选择图像中的特定颜色，然后替换那些颜色。可以设置选定区域的色相、饱和度和亮度，也可以使用"拾色器"对话框来选择替换颜色。

由"替换颜色"命令创建的蒙版是临时性的。

举例说明——西红柿红了

（1）单击"文件"|"打开"命令，打开一幅西红柿素材图像，如图 6-29 所示。

（2）单击"图像"|"调整"|"替换颜色"命令，弹出"替换颜色"对话框，移动鼠标指针至对话框预览区中的西红柿图像处，单击鼠标左键取样颜色，如图 6-30 所示。

图 6-29　素材图像

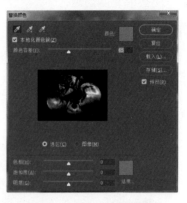

图 6-30　"替换颜色"对话框

该对话框中各主要选项的含义如下：

❀　选区：该选项区中有 3 个吸管工具，按住【Shift】键单击选定区域，或使用"添加到取样"工具，可以添加所选择的区域；按住【Alt】键单击选定区域，或使用"从取样中减去"工具，可以减少所选择的区域。

❀　颜色容差：在该选区右侧的数值框中输入数值或拖曳其下方的滑块，可以调整用于替换的颜色。

❀　替换：该选项区用于设置对所选的区域进行颜色替换的颜色值。

（3）设置"色相"值为-20、"饱和度"值为 17、"明度"值为 0，单击"确定"按钮，替换颜色，效果如图 6-31 所示。

图 6-31　替换颜色后的效果

6.5.5　通道混合器

使用"通道混合器"命令，可以用当前颜色通道的混合器修改颜色通道，但在使用该命令时要选择复合通道，该命令的主要作用如下：

* 进行富有创意的颜色调整，所得的效果是用其他颜色调整工具不易实现的。
* 从每个颜色通道选择不同的百分比来创建高品质的灰度图像。
* 创建高品质的棕褐色调或其他彩色图像。
* 在替代色彩空间中转换图像。
* 交换或复制通道。

扫码观看教学视频

举例说明——绿水青山

（1）单击"文件"|"打开"命令或按【Ctrl＋O】组合键，打开一幅风景素材图像，如图 6-32 所示。

（2）单击"图像"|"调整"|"通道混合器"命令，弹出"通道混合器"对话框，设置各项参数，如图 6-33 所示。

图 6-32　素材图像

图 6-33　"通道混合器"对话框

（3）单击"确定"按钮，进行色彩调整后的图像效果如图 6-34 所示。

图 6-34　图像效果

6.5.6　照片滤镜

使用"照片滤镜"命令可以模仿在相机镜头前面添加彩色滤镜的效果，能够使照片呈现暖色调、冷色调及其他颜色的色调。

单击"图像"|"调整"|"照片滤镜"命令，弹出"照片滤镜"对话框，如图 6-35 所示。

该对话框中各主要选项的含义如下：

* 滤镜：选中该单选按钮，其右侧的下拉列表框中列出了 20 种预设选项，用户可以根

据需要选择合适的选项以调节图像。

图 6-35 "照片滤镜"对话框

❈ 颜色：选中该单选按钮，单击其右侧的色块，弹出"拾色器"对话框，从中可以设置合适的颜色。

❈ 浓度：拖曳该选项下方滑块，可以设置应用于图像的颜色数量，浓度越高颜色的幅度就越大。

使用"照片滤镜"命令调整图像前后的效果，如图 6-36 所示。

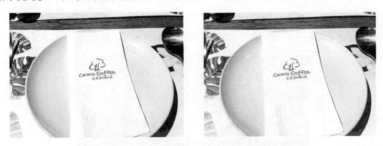

图 6-36 使用"照片滤镜"命令调整图像前后的效果

6.5.7 阴影/高光

"阴影/高光"命令适用于校正由强逆光而生成的剪影照片，或者由于校正时太接近相机闪光灯而发白的照片。在用其他方式采光的图像中，这种调整也可以使阴影区域变亮。"阴影/高光"命令不是简单地使图像变亮或变暗，而是基于阴影或高光的周围像素（局部相邻像素）增亮或变暗。因此，阴影和高光都有各自的控制选项，默认设置为具有逆光问题的图像颜色数量。

举例说明——山清水秀

（1）单击"文件"|"打开"命令，打开一幅风景素材图像，如图 6-37 所示。

（2）单击"图像"|"调整"|"阴影/高光"命令，弹出"阴影/高光"对话框，并设置各项参数，如图 6-38 所示。

该对话框中各主要选项的含义如下：

❈ 色调：控制阴影或高光中色调的修改范围。设置较小的值，则只对较暗区域进行阴影校正的调整，并只对较亮区域进行"高光"校正的调整；设置较大的数值，将进一步增大调整为中间调的色调范围。色调因图像而异，数值太大会导致非常暗或非常亮的边缘周围出现色晕。

图 6-37　素材图像

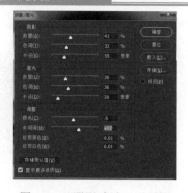

图 6-38　"阴影/高光"对话框

❋　半径：控制每个像素周围的局部相邻像素的大小。

❋　颜色：允许在图像已更改的区域中微调颜色，该调整仅适用于彩色图像。通常，增大这些数值会产生饱和度较大的图像，而减小这些数值则会产生饱和度较小的图像。

❋　中间调：调整中间调。向左移动滑块会降低对比度，向右移动滑块会提高对比度。增大中间调会在中间调区域产生较强的对比度，同时倾向于使阴影变暗，使高光变亮。

（3）单击"确定"按钮，调整后的图像效果如图 6-39 所示。

图 6-39　图像效果

6.5.8　曝光度

使用"曝光度"命令可以调整 HDR 图像的色调，但也可以用于 8 位和 16 位图像。曝光度是通过线性颜色空间（灰度系数为 1.0），而不是通过图像的当前颜色空间计算得出的。单击"图像"|"调整"|"曝光度"命令，可弹出"曝光度"对话框，如图 6-40 所示。

图 6-40　"曝光度"对话框

该对话框中各主要选项的含义如下：

❋ 曝光度：拖动该滑块或在数值框中输入相应的数值，可调整图像区域的高光。数值越大即滑块的位置越偏向右侧，调整后的图像区域相应越白；反之则越黑。其中对黑色阴影影响很轻微。

❋ 位移：使阴影和中间调变暗，对高光的影响很轻微。

❋ 灰度系数校正：使用简单的乘方函数调整图像灰度系数。负值会被视为相应的正值（即数值仍然保持为负，但仍然会被调整，就像正值一样）。

使用"曝光度"命令调整图像前后的效果如图6-41所示。

图6-41　使用"曝光度"命令调整图像前后的效果

6.5.9　可选颜色

使用"可选颜色"命令可以有选择地修改主要颜色的印刷数量。

举例说明——黄桔子

（1）单击"文件"|"打开"命令，打开一幅桔子素材图像，如图6-42所示。

（2）单击"图像"|"调整"|"可选颜色"命令，弹出"可选颜色"对话框，并设置各项参数，如图6-43所示。

图6-42　素材图像　　　　　　图6-43　"可选颜色"对话框

该对话框中各主要选项的含义如下：

❋ 颜色：在该下拉列表框中选择要调整的颜色，分别为红色、黄色、绿色、青色、蓝色、洋红、白色、中性色和黑色等。

❋ 相对：选中该单选按钮，可以按照总量的百分比更改现有的青色、洋红、黄色和黑色的含量，例如：从 50%青色像素中添加 20%的青色，则会增加 10%（50%×20%=10%）的青色，结果为 60%的青色。

　※　绝对：选中该单选按钮，可以按照增加或减少的绝对值更改现有的颜色，例如：向 50%青色像素中添加 20%的青色，青色的总量则为 70%。

　（3）单击"确定"按钮，调整后的图像效果如图 6-44 所示。

图 6-44　图像效果

6.6　色彩和色调的特殊调整

　色彩和色调的特殊调整有 6 种方法，主要通过"反相"、"去色"、"色调均化"、"色调分离"、"渐变映射"及"阈值"等命令完成相关操作，下面将分别介绍相关内容。

6.6.1　反相

　使用"反相"命令可以反转图像中的颜色。在反相图像时，通道中每个像素的亮度值将转换为 256 级颜色值刻度上相反的值。可以使用该命令将一幅黑白正片图像变成负片，或从扫描的黑白负片得到一个正片。

　使用"反相"命令调整图像色彩、色调有以下两种方法：

　※　命令：单击"图像"|"调整"|"反相"命令。

　※　按钮：按【Ctrl＋I】组合键。

　使用"反相"命令调整图像前后的效果如图 6-45 所示。

图 6-45　使用"反相"命令调整图像前后的效果

6.6.2 去色

使用"去色"命令可以将彩色图像转换为灰度图像，但图像的颜色模式保持不变，例如：为 RGB 图像中的每个像素指定相等的红色、绿色和蓝色值，则每个像素的明度不会改变。

使用"反相"命令调整图像色彩、色调有以下两种方法：

❋ 命令：单击"图像"|"调整"|"去色"命令。

❋ 按钮：按【Shift＋Ctrl＋U】组合键。

使用"去色"命令调整图像前后的效果如图 6-46 所示。

图 6-46　运用"去色"命令调整图像前后的效果

6.6.3 色调均化

使用"色调均化"命令可以重新分布图像中像素的亮度值，使其更均匀地呈现所有范围的亮度级。在应用该命令时，Photoshop CC 会查找复合图像中最亮和最暗的值并重新映射这些值，使最亮的值表示白色，最暗的值表示黑色，然后对亮度进行色调均化处理，即可在整个灰度范围内均匀分布中间像素值。

使用"色调均化"命令调整图像前后的效果如图 6-47 所示。

图 6-47　使用"色调均化"命令调整图像前后的效果

6.6.4 色调分离

使用"色调分离"命令可以指定图像中每一个通道的色调级（或亮度值）的数目，将像素映射为最接近的匹配级别。

举例说明——美丽黄花

（1）单击"文件"|"打开"命令，打开一幅黄色小花素材图像，如图 6-48 所示。

（2）单击"图像"|"调整"|"色调分离"命令，弹出"色调分离"对话框，并设置各项参数，如图 6-49 所示。

图 6-48 素材图像

图 6-49 "色调分离"对话框

在"色阶"数值框中输入 2～225 之间的数值，定义图像中每个通道色调级的数目，系统会将图像中的像素映射为最接近的匹配色调。

（3）单击"确定"按钮，调整后的图像效果如图 6-50 所示。

图 6-50 图像效果

6.6.5 渐变映射

使用"渐变映射"命令可将相等的图像灰度范围映射到指定的渐变填充色。如果指定双色渐变填充，则图像中的暗调将被映射到渐变填充的一个端点颜色，高光映射到另一个端点颜色，中间调映射到两个端点间的颜色层次。

举例说明——绚彩生活

（1）单击"文件"|"打开"命令，打开一幅自行车素材图像，如图 6-51 所示。

（2）单击"图像"|"调整"|"渐变映射"命令，弹出"渐变映射"对话框，单击"点按可编辑渐变"色条右侧的下拉按钮，在弹出的下拉调板中选择"橙色、黄色、橙色"选项，如图 6-52 所示。

图 6-51　素材图像　　　　　　　图 6-52　"渐变映射"对话框

该对话框中各主要选项的含义如下：

❋　灰度映射所用的渐变：单击渐变色条，在打开的"渐变编辑器"窗口中选择所需的渐变。默认情况下，图像的暗调、中间调和高光分别映射到渐变填充的起始（左端）颜色、中点颜色和结束（右端）颜色上。

❋　仿色：选中该复选框，可添加随机杂色以平滑渐变填充的外观。

❋　反向：选中该复选框，切换渐变填充的方向以反向渐变映射。

（3）单击"确定"按钮，调整后的图像效果如图 6-53 所示。

图 6-53　图像效果

6.6.6 阈值

使用"阈值"命令可以将灰色或彩色图像转换为较高对比度的黑白图像。用户可以指定阈值，在转换的过程中系统将会使所有比该阈值亮的像素转换为白色，将所有比该阈值暗的像素转换为黑色。

举例说明——美丽佳人

（1）单击"文件"|"打开"命令，打开一幅人物素材图像，如图 6-54 所示。

（2）单击"图像"|"调整"|"阈值"命令，弹出"阈值"对话框，并设置各项参数，如图 6-55 所示。

图 6-54　素材图像　　　　　　　　　　　　图 6-55　"阈值"对话框

（3）单击"确定"按钮，调整后的图像效果如图 6-56 所示。

图 6-56　阈值图像效果

一、填空题

1."色阶"命令用于调整图像的_____、_____和_____的强度级别，从而校正图像的色调范围和色彩平衡。

2. 使用_____命令，可以调整整幅图像或单个颜色分量的色相、饱和度和亮度值，或者同时调整图像中所有颜色。

3. 使用_____命令，可以使用当前颜色通道的混合器修改颜色通道，但在使用该命令时要选择复合通道。

二、简答题

1. 图像色调的高级调整有几种方法？分别是什么？

2. 如何将彩色照片转换为黑白照片？

3. 对图像匹配颜色是如何进行的？

三、上机操作

1. 使用"色相/饱和度"命令，为衣服换色，如图 6-57 所示。

图 6-57 衣服换色效果

关键提示：使用磁性套索工具在人物衣服处创建选区，然后调整"色相/饱和度"即可。

2. 使用"替换颜色"命令，调整出如图 6-58 所示的效果。

图 6-58 苹果红了

关键提示：使用"替换颜色"命令，在"替换颜色"对话框中，取样苹果颜色区域，并调整色相/饱和度和明度值即可。

第7章 文字魅力

■本章概述

　　本章主要讲解如何在 Photoshop CC 中输入文字、设置文字属性、编辑文本及制作特效文字效果等操作，从而使作品更具感召力和视觉冲击力。

■方法集锦

选中文本 6 种方法	水平/垂直文字转换 3 种方法	变形文字 3 种方法
将文字转换为选区 2 种方法	将文字转换为路径 4 种方法	将文字转换为形状 2 种方法
将文字图层转换为普通图层 2 种方法		点文字及段落文字互换 2 种方法

7.1　输入文字

　　文字是广告作品设计的重要组成部分，它是广告设计的灵魂。准确、鲜明、富有感召力的文字，是广告成功与否的关键，特别是在文字类广告中，文字设计尤为重要，如刊登在报纸、杂志、书籍及海报上的广告。

　　Photoshop CC 具有强大的文字处理功能，配合图层、通道与滤镜等功能，用户可以很方便地制作出精美的艺术字效果。下面将介绍文字的输入方法。

7.1.1　输入水平文字

　　输入水平文字的方法很简单，可以使用工具箱中的横排文字工具或横排文字蒙版工具，在需要输入文字的位置处单击鼠标左键以确定插入点，此时，在图像上将会显示闪烁的光标，输入文字并单击工具属性栏中的"提交所有当前编辑"按钮，或者单击工具箱中的任意一种工具，确认输入的文字；单击工具属性栏中的"取消所有当前编辑"按钮，则可清除输入的文字。

举例说明——玫瑰情缘

　　（1）单击"文件"|"打开"命令，打开一幅玫瑰素材图像，如图 7-1 所示。

　　（2）选取工具箱中的横排文字工具，移动鼠标指针至图像编辑窗口中，此时，鼠标指针将呈 形状，在玫瑰素材图像的右侧中间处单击鼠标左键，确定插入点，出现闪烁的文字插入光标，如图 7-2 所示。

　　（3）在工具属性栏中设置"字体"为"宋体"、"颜色"为红色，输入文字"你问我爱你有多深"，按【Ctrl＋Enter】组合键，确认输入的文字，效果如图 7-3 所示。

扫码观看教学视频

图 7-1　素材图像

图 7-2　出现的闪烁光标

图 7-3　输入的水平文字

7.1.2　输入垂直文字

选取工具箱中的直排文字工具或直排文字蒙版工具，将鼠标指针移动到图像窗口中，单击鼠标左键确定插入点，图像中出现闪烁的光标，即可输入文字。

举例说明——雪中黄花

（1）单击"文件"|"打开"命令，打开一幅黄花素材图像，如图 7-4 所示。

（2）选取工具箱中的直排文字工具，移动鼠标指针至图像编辑窗口中，此时，鼠标指针呈 形状，在图像编辑窗口中黄花图像的左侧单击鼠标左键确定插入点，此时，图像中将会出现闪烁的文字插入光标，如图 7-5 所示。

图 7-4　素材图像

图 7-5　光标

（3）单击工具属性栏中的"设置文本颜色"色块，弹出"选择文本颜色"对话框，设置"颜色"为黑色，并设置"字体"为"宋体"、"字号"为 53，输入文字"雪中"，鼠标指针的显示状态如图 7-6 所示。

（4）输入文字"雪中黄花"并确认，效果如图 7-7 所示。

图 7-6　鼠标指针显示状态

图 7-7　输入的直排文字

7.1.3 输入点文字

Photoshop CC 的文字输入方式有点文字和段落文字两种。输入点文字时，每一行文字都是独立的，行的长度随着文字的输入或减少而自动增加或缩短，但不会自动换行，若要换行，需按【Enter】键。

使用横排文字工具、直排文字工具、横排文字蒙版工具和直排文字蒙版工具，均可输入点文字。

举例说明——靓丽女孩

（1）单击"文件"|"打开为"命令，打开一幅人物素材图像，如图 7-8 所示。

（2）选取工具箱中的横排文字工具，在其工具属性栏中设置"字体"为"方正小标宋简体"、"字号"为 22.5、"颜色"为洋红色（RGB 参数值分别为 255、0、142），在图像编辑窗口中的合适位置单击鼠标左键，以确定插入点，输入第一行文字，并按【Enter】键进行换行，如图 7-9 所示。

扫码观看教学视频

图 7-8　素材图像　　　　　　　　图 7-9　输入的第一行文字

（3）参照步骤（2）的操作方法，依次输入其他文字并换行，单击工具属性栏中的"提交所有当前编辑"按钮，确认文字的输入，效果如图 7-10 所示。

图 7-10　输入的点文字效果

7.1.4 输入段落文字

输入段落文字时，文字基于定界框的尺寸换行，可以输入多个段落，也可以进行段落调整。用户可以调整定界框的大小，将文字重新排列。可以在输入文字时创建文字图层后调整定界框，也可以使用定界框来旋转、缩放和斜切文字。

举例说明——美丽的童年

（1）在 Photoshop CC 工作界面中的灰色空白处双击鼠标左键，打开一幅人物素材图像，如图 7-11 所示。

（2）选取工具箱中的横排文字工具，移动鼠标指针至图像窗口，按住鼠标左键并拖动，绘制出一个文本框，如图 7-12 所示。

图 7-11 素材图像

图 7-12 绘制的文本框

（3）在工具属性栏中设置"字体"为"楷体"、"字号"为 42，在文本框内输入第一行文字，按【Enter】键进行换行，并依次输入其他文字，鼠标指针的显示状态如图 7-13 所示。

（4）输入其他文字，按【Ctrl＋Enter】组合键确认输入的文字，效果如图 7-14 所示。

图 7-13 输入的段落文字

图 7-14 输入的文字

7.1.5 输入选区型文字

选区型文字具有文字的外形，是使用文字工具组中的横排文字蒙版工具或直排文字蒙版工具创建的。

举例说明——网红小街

（1）单击"文件"|"打开"命令，打开一幅小街素材图像，如图 7-15 所示。

第 7 章 文字魅力

（2）选取工具箱中的横排文字蒙版工具，在工具属性栏中设置"字体"为"宋体"、"字号"为 30，移动鼠标指针至图像窗口并单击鼠标左键以确定插入点，输入文字"小街中的喜与乐"并确认，如图 7-16 所示。

图 7-15　素材图像

图 7-16　创建的文字选区

（3）按【Shift＋Ctrl＋N】组合键，新建"图层 1"，单击工具箱中的"设置背景色"色块 ■，弹出"拾色器"对话框，设置"颜色"为洋红色（RGB 参数值分别为 222、66、67）。

（4）按【Ctrl＋Delete】组合键填充背景色，按【Ctrl＋D】组合键取消选区，效果如图 7-17 所示。

图 7-17　填充背景色并取消选区

7.2　编辑文字

在 Photoshop CC 中可以对输入的文字进行多次编辑操作，如选中文字、更改文字方向、消除锯齿、在点文字和段落文字之间转换等。

7.2.1　选中文字

当对输入的文字进行编辑操作时，应先选中需要修改的文字，然后再进行其他操作。选中文本的方法有以下 6 种：

❊ 双击：在工具箱中选取一种文字工具，在图像编辑窗口中的文字上单击鼠标左键，进入文字的编辑状态，双击鼠标左键，即可选中所有输入的文本。

❋ 缩览图：双击"图层"调板中的当前文字图层缩览图，也可以选中文字。

❋ 拖动鼠标：在文字编辑状态下按住鼠标左键并拖动，即可选中所需的文字。

❋ 快捷键 1：在文字编辑状态下，按【Shift】键的同时，按键盘上的方向键，即可选中文本。

❋ 快捷键 2：在文字编辑状态下，按【Ctrl＋A】组合键，即可全部选中文本。

❋ 快捷菜单：在文字编辑状态下，在图像编辑窗口中单击鼠标右键，在弹出的快捷菜单中选择"全选"选项，即可选中全部文本。

举例说明——足迹嘉兴

（1）单击"文件"|"打开"命令，打开一幅嘉兴景色素材图像，如图 7-18 所示。

（2）选取工具箱中的直排文字工具，在工具属性栏中设置"字体"为"宋体"、"字号"为 160，移动鼠标指针至图像编辑窗口的右上角处，单击鼠标左键确定插入点，输入文字"足迹嘉兴"，按【Ctrl＋Enter】组合键确定输入的文字，如图 7-19 所示。

图 7-18　素材图像

图 7-19　输入文字

（3）在工具属性栏中单击图标 T ，然后在文字上双击鼠标左键，全选文字，如图 7-20 所示。

（4）在工具属性栏中单击"设置文本颜色"色块，弹出"选择文本颜色"对话框，设置颜色为黑色，按【Ctrl＋Enter】组合键确认替换的颜色，效果如图 7-21 所示。

图 7-20　选中文字

图 7-21　图像效果

7.2.2　水平与垂直文字转换

Photoshop CC 的文字排列方式有水平排列和垂直排列两种，这两种文字之间可以相互转换。

水平与垂直文字相互转换有以下 3 种方法：

❋ 按钮：单击文字工具属性栏中的"更改文本方向"按钮 ，可以将水平排列和垂直排列的文字相互转换。

❋ 命令：在"文字"|"文本排列方向"子菜单中，单击"水平"或"垂直"命令，可以将文字由水平排列转换为垂直排列，或由垂直排列转换为水平排列。

❋ 快捷菜单：在"图层"调板的当前图层文字中单击鼠标右键，在弹出的快捷菜单中选择"水平"或"垂直"选项，即可进行水平与垂直文字的转换。

举例说明——篮球运动

（1）单击"文件"|"打开"命令，打开一幅打篮球素材图像，如图 7-22 所示。

（2）选取工具箱中的横排文字工具，在其工具属性栏中设置"字体"为"楷体"、"字号"为 25、"颜色"为深黑色（RGB 参数值分别为 16、37、49）。移动鼠标指针至图像编辑窗口的左下角处，确定插入点，输入文字"篮球运动"并确认，如图 7-23 所示。

图 7-22　素材图像　　　　　　　　　图 7-23　输入的文字

（3）单击工具属性栏中的"更改文本方向"按钮，将水平文字转换为垂直文字，效果如图 7-24 所示。

（4）用同样的方法，输入文字"运动篮球"，设置相同的文字属性，并更改文字方向，效果如图 7-25 所示。

图 7-24　更改文字方向　　　　　　　图 7-25　其他文字效果

7.2.3 文本拼写检查

在 Photoshop CC 中检查文本的拼写时，会对其词典中没有的字进行询问，如果被询问的字拼写正确，则可将该字添加到词典中来确认拼写；如果被询问的字拼写错误，则可对其进行更正。

在"文字"调板中，选择需要进行拼写检查的文本图层，或者选中需要进行拼写检查的某个单词。

单击"编辑"|"拼写检查"命令，弹出"拼写检查"对话框，如图 7-26 所示。

图 7-26 "拼写检查"对话框

该对话框中各主要选项的含义如下：

❋ 忽略：单击该按钮，拼写检查过程中将忽略有疑问的字。

❋ 更改：在该文本框中，可校正拼写错误。确定拼写正确的字出现在"更改为"文本框中，然后单击"确定"按钮。如果建议的字不是需要的字，则可在"建议"文本框中选择另一个字，或者在"更改为"文本框中输入正确的字。

❋ 更改全部：校正文档中出现的所有拼写错误，确保拼写正确的字出现在"更改为"文本框中。

拼写检查完成时将弹出提示信息框，如图 7-27 所示。单击"确定"按钮，即可完成文本拼写检查操作。

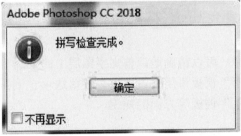

图 7-27 提示信息框

7.2.4 查找和替换文字

在图像中输入大量的文字后，如果多处出现了相同的错误，则可使用 Photoshop CC 的查找和替换功能对文字进行替换。

左侧竖排：第7章 文字魅力

举例说明——相遇

（1）单击"文件"|"打开"命令，打开一幅图片素材，如图7-28所示。

（2）单击"编辑"|"查找和替换文本"命令，弹出"查找和替换文本"对话框，在"查找内容"文本框中输入"遇"字，在"更改为"文本框中输入"逢"字，如图7-29所示。

图7-28　素材图像

图7-29　"查找和替换文本"对话框

（3）单击该对话框中的"更改全部"按钮，将会弹出一个查找和替换文本完毕的提示信息框，如图7-30所示。

（4）单击"确定"按钮，完成图像中错误文字的替换，效果如图7-31所示。

图7-30　提示信息框

图7-31　文字替换后的效果

7.3　设置文字属性

在"字符"调板中，可以精确地调整文字图层中的个别字符，但在输入文字之前要设置好文字属性；而"段落"调板可用来设置整个段落选项。下面将分别讲解文字工具属性栏、"字符"调板和"段落"调板等方面的知识。

7.3.1　文字工具属性栏

使用文字工具组中的工具创建的文字效果虽然各不相同，但属性栏中的功能选项基本一致，如图7-32所示。

图7-32　文字工具属性栏

该工具属性栏中各主要选项的含义如下：

❊ "更改文本方向"按钮 ：单击该按钮，可以将当前文字由水平方向转换为垂直方向，或者由垂直方向转换为水平方向。

❊ "设置字体系列"下拉列表框 楷体 ：可以设置文字的字体，如图 7-33 所示。

图 7-33　设置文字字体

❊ "设置字体样式"下拉列表框 ：可以设置文字的字体样式。

❊ "设置字体大小"下拉列表框 45.42点 ：可以设置合适的文字大小，也可以在其数值框中输入文字的大小，如图 7-34 所示。

❊ "设置消除锯齿"下拉列表框 锐利 ：该下拉列表框中包含 5 种文字边缘平滑的方式，分别是无、锐利、犀利、浑厚和平滑。

❊ "对齐方式"按钮 ：可以设置文字的对齐方式，选取横排文字工具或者横排文字蒙版工具，按钮组显示为"左对齐文本"按钮、"居中对齐文本"按钮和"右对齐文本"按钮；选取直排文字工具或者直排文字蒙版工具，按钮组则显示为"顶对齐文本"按钮、"居中对齐文本"按钮和"底对齐文本"按钮。

❊ "设置文本颜色"色块：单击该色块，则会弹出"选择文本颜色"对话框，从中可以设置当前文字的颜色，如图 7-35 所示。

❊ "创建文字变形"按钮 ：单击该按钮，则会弹出"变形文字"对话框，在其中可以设置文字特殊变形效果。

图 7-34　设置文字大小

图 7-35　设置文本颜色

※　"显示/隐藏字符和段落调板"标签📄：单击该标签，可弹出"字符"和"段落"调板。

7.3.2 　"字符"调板

单击文字工具组对应属性栏中的"显示/隐藏字符和段落调板"按钮，或单击"窗口"|"字符"命令，弹出"字符"调板，如图 7-36 所示。

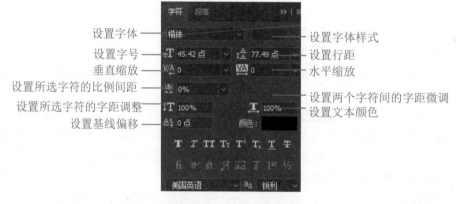

图 7-36　"字符"调板

该调板中各主要选项的含义如下：

※　"设置行距"下拉列表框 自动 ：在该下拉列表框中可以直接输入数值或选择一个数值设置行距，数值越大行间距就越大，如图 7-37 所示。

图 7-37　设置不同行距的文字效果

❈　"垂直缩放"数值框 _{IT} 100%：用于设置所选文字的垂直缩放比例，如图 7-38 所示。

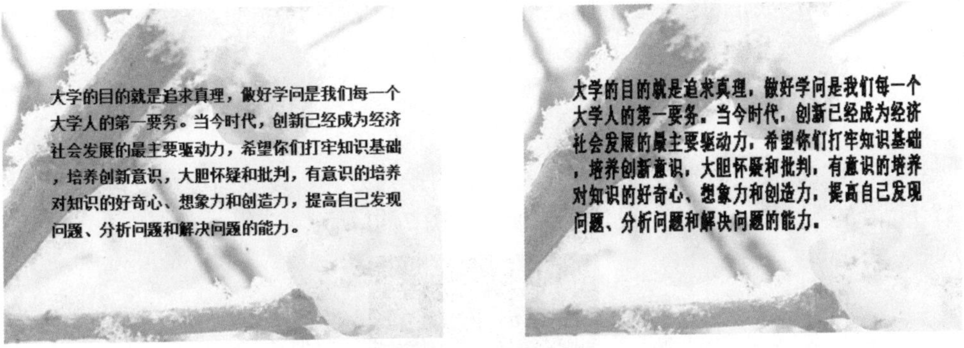

数值为 100% 时的效果　　　　　　　　　数值为 150% 时的效果

图 7-38　设置不同垂直缩放比例的文字效果

❈　"水平缩放"数值框 T 100%：用于设置所选文字的水平缩放比例。

❈　"设置所选字符的比例间距"下拉列表框 0%：在该下拉列表框中设置文字的宽度缩放比例，其取范围为 0%~100%，数值越大，字符的间距越小。

❈　"设置所选字符的字距调整"下拉列表框 V/A 0：用于设置所选字符的间距，数值越大，字符间距越大，如图 7-39 所示。

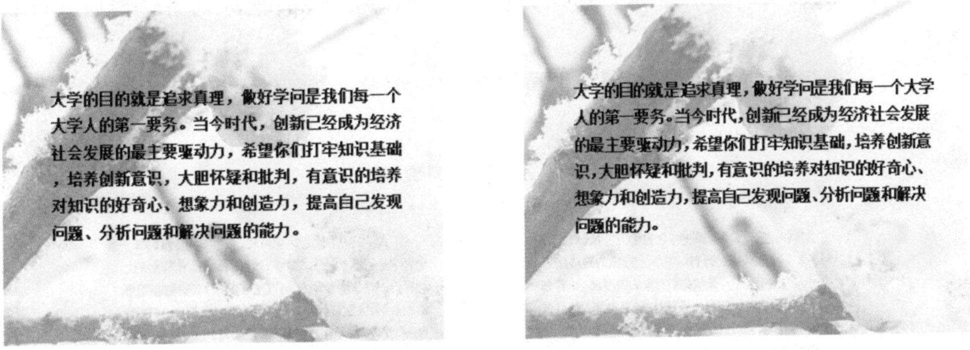

图 7-39　文字设置不同间距的效果

❈　"设置两个字符间的字距微调"下拉列表框 A/A (自动)：用于微调两个字符的间距。在输入文本状态时将光标置于两个字符之间（在两个字符之间单击），在该下拉列表框中选择或者直接输入一个数值，即可微调这两个字符之间间距，其取值范围为 -100~100。

❈　"颜色"色块 颜色：：单击该色块，弹出"选择文本颜色"对话框，在其中设置需要的颜色，单击"确定"按钮即可。

❈　"设置基线偏移"数值框 A 0 点：该选项用于设置所选字符与其基线的距离。在数值框中输入正值可以使文字向上移动，输入负值可以使文字向下移动。

❈　"仿粗体"按钮 **T**：单击该按钮，可以将当前的文字呈加粗显示。

❈　"仿斜体"按钮 *T*：单击该按钮，可以将当前的文字呈倾斜显示。

❈　"全部大写字母"按钮 TT：单击该按钮，可以将当前的小写字母转换为大写字母。

❈　"小型大写字母"按钮 Tᴛ：单击该按钮，可以将当前的字母转换为小型大写字母。

❈　"上标"按钮 T^3：单击该按钮，可以将当前的文字转换为上标。

❈　"下标"按钮 T_1：单击该按钮，可以将当前的文字转换为下标。

第 7 章 文字魅力

❈ "下划线"按钮 <u>T</u>：单击该按钮，可以在当前文字的下方添加下划线。

❈ "删除线"按钮 <del>T</del>：单击该按钮，可以在当前文字上添加删除线。

7.3.3 "段落"调板

使用"段落"调板可以改变或重新定义文字的排列方式、段落缩进及段落间距等。单击"窗口"|"段落"命令，弹出"段落"调板，如图 7-40 所示。

图 7-40 "段落"调板

该调板中各主要选项的含义如下：

❈ "文本对齐方式"按钮 ：文本对齐方式从左到右分别为左对齐文本、居中对齐文本、右对齐文本、最后一行左对齐、最后一行居中对齐、最后一行右对齐和全部对齐。

❈ "左缩进"数值框 ：设置段落的左缩进，如图 7-41 所示。对于直排文字，该选项控制从段落顶端的缩进。

图 7-41 原文本与文本设置左缩进后的效果

❈ "右缩进"数值框 ：设置段落的右缩进。对于直排文字，该选项控制段落底部的缩进。

❈ "首行缩进"数值框 ：缩进段落中的首行文字。对于横排文字，首行缩进与左缩进有关；对于直排文字，首行缩进与顶端缩进有关。要创建首行悬挂缩进，必须输入一个负值，如图 7-42 所示。

❈ "段前添加空格"数值框 ：设置段落与上一行的距离，或全选文字的每一段的距离。

❈ "段后添加空格"数值框 ：设置每段文本后的一段距离。

用户可以选择段落，然后使用"段落"调板为文字图层中的单个段落、多个段落或全部段落设置格式。

图 7-42 原文本与文本设置首行缩进后的效果

7.4 特效文字

在一些广告、海报和宣传单上经常会看到一些特殊排列的文字，既新颖又能获得很好的视觉效果，其实这些效果在 PhotoshopCC 中很容易实现。下面将具体讲解文字的变形操作、路径文字和区域文字的制作及编辑。

7.4.1 区域文字效果

在 Photoshop CC 中，用户可以将文字输入到一个规则或不规则的路径区域内，从而得到异形文字。

举例说明——幸福的定义

（1）单击"文件"|"打开"命令，打开一幅素材图像，如图 7-43 所示。

（2）选取工具箱中的椭圆工具，在其工具属性栏中单击"路径"按钮，在图像上拖曳鼠标绘制一个椭圆路径，如图 7-44 所示。

（3）选取工具箱中的直排文字工具，移动鼠标指针至创建的路径处，此时鼠标指针呈 ① 形状，单击鼠标左键确定插入点，路径上将出现闪烁的插入文本光标，如图 7-45 所示。

（4）在工具属性栏中设置"字体"为"华文行楷"、"字号"为 29，输入文字，按【Enter】键隐藏路径，效果如图 7-46 所示。

图 7-43 素材图像

图 7-44 绘制闭合路径

第 7 章 文字魅力

图 7-45　鼠标指针形状

图 7-46　输入文字

7.4.2　路径文字效果

用户可以沿着钢笔或形状工具创建的工作路径排列输入的文字。沿路径输入文字时，文字将沿着锚点被添加到路径时的方向排列。在路径上输入横排文字，字母与基线垂直；在路径上输入直排文字，文字方向与基线平行。

举例说明——投篮的人

（1）单击"文件"|"打开"命令，打开一幅人物投篮素材图像，如图 7-47 所示。

（2）选取工具箱中的钢笔工具，单击工具属性栏中的"路径"按钮，在图像窗口中绘制一条开放路径，如图 7-48 所示。

扫码观看教学视频

（3）选取工具箱中的横排文字工具，在工具属性栏中设置"字体"为"方正中倩简体"、"字号"为 23.64、"颜色"为洋红色（RGB 参数值分别为 228、0、124），移动鼠标指针至创建的路径处，此时鼠标指针呈 ⱨ 形状。

图 7-47　素材图像

图 7-48　绘制开放路径

（4）在路径的起始点单击鼠标左键，确认插入点，此时，将出现一个闪烁的光标，如图 7-49 所示。

（5）输入文字，如图 7-50 所示，按【Ctrl＋Enter】组合键确认，在"路径"调板中的灰色空白处单击鼠标左键，隐藏绘制路径。

图 7-49　出现的闪烁光标　　　　图 7-50　输入的路径文字

7.4.3　变形文字效果

Photoshop CC 具有变形文字的功能，变形后的文字仍然可以编辑。

使用变形文字功能有以下 3 种方法：

✹　快捷菜单：在"图层"调板的当前文字图层上单击鼠标右键，在弹出的快捷菜单中选择"文字变形"选项，弹出"变形文字"对话框，如图 7-51 所示（默认状态显示为灰色）。在该对话框中可以设置文字的变形效果，如图 7-52 所示。

✹　命令：单击|"文字"|"文字变形"命令，将弹出"变形文字"对话框。

✹　按钮：单击工具属性栏中的"创建文字变形"按钮 工，将弹出"变形文字"对话框。

图 7-51　默认"变形文字"对话框　　图 7-52　设置选项后的"变形文字"对话框

该对话框中各主要选项的含义如下：

✹　样式：该下拉列表框中提供了 15 种不同的文字变形效果，如图 7-53 所示。部分变形文字的效果如图 7-54 所示。

✹　水平/垂直：选中"水平"单选按钮，可以使文字在水平方向上发生变形；选中"垂直"单选按钮，可以使文字在垂直方向上发生变形。

✹　弯曲：拖曳滑块或在数值框中输入数值，可确定文字弯曲的程度，其取值范围为-100～100 之间的整数。

✹　水平扭曲：拖曳滑块或在数值框中输入数值，可确定文字水平扭曲的程度，其取值范围为-100～100 之间的整数。

❋ 垂直扭曲：拖曳滑块或在数值框中输入数值，可确定文字垂直扭曲的程度，其取值范围为-100～100之间的整数。

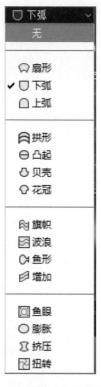

图 7-53 "样式"下拉列表

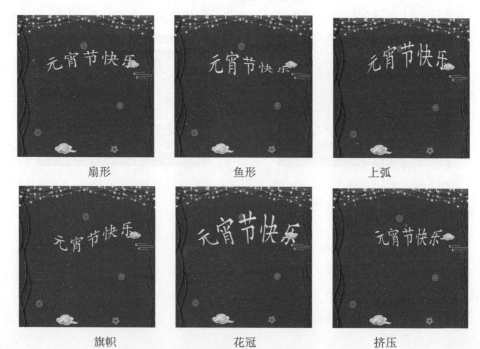

图 7-54 部分变形文字的效果

7.5 文字转换

在 Photoshop CC 中，可以将输入的文字转换为路径。文字转换为路径后，可以像编辑普通路径一样编辑文字，可对文字进行变形，使文字的形状更加丰富。

7.5.1 将文字转换为选区

将文字转换为选区有以下两种方法：

❋ 文字蒙版工具：选取工具箱中的横排文字蒙版工具或直排文字蒙版工具，输入文字"桃花"，按【Alt＋Deleter】组合键确认输入的文字，即可将文字转换为选区，如图 7-55 所示。

❋ 快捷键：选取工具箱中的横排文字工具或直排文字工具，输入文字"桃花"，系统会自动地生成一个文字图层，按住【Ctrl】键单击"图层"调板中当前文字图层的缩览图，即可载入文字的选区，如图 7-56 所示。

图 7-55 使用文字蒙版工具　　　　图 7-56 将文字载入选区

7.5.2 将文字转换为路径

基于文字创建工作路径可以将文本作为矢量形状处理。工作路径是出现在"路径"调板中并定义形状轮廓的一种临时路径。基于文本图层创建工作路径之后，就可以像编辑其他路径一样存储和处理该路径了，但无法以文本的形式编辑路径中的字符，不过原文本图层将保持不变并可以进行编辑。

将文字转换为工作路径，可以使用以下 4 种方法：

❋ 命令：单击|"文字"|"创建工作路径"命令，即可将文字转换为路径。

❋ 快捷菜单：在"图层"调板中选择要转换为路径的文字图层，单击鼠标右键，在弹出的快捷菜单中选择"创建工作路径"选项。

❋ 快捷键 1：按住【Ctrl】键单击"图层"调板中的当前文字缩览图，将该文字图层载入选区，然后单击"路径"调板底部的"从选区生成工作路径"按钮，即可将文字选区转换为路径。

❋ 快捷键 2：按住【Ctrl】键，单击"图层"调板中的当前文字缩览图，将该文字图层载入选区，然后单击"路径"调板右上角的调板控制按钮，在弹出的调板菜单中选择"建立工作路径"选项，弹出"建立工作路径"对话框，在该对话框中设置各选项，单击"确定"按钮即可。

使用以上任何一种操作方法，都可以将文字转换为工作路径，选取工具箱中的移动工具移动文字，如图 7-57 所示。

图 7-57　将文字转换为工作路径

7.5.3　将文字图层转换为普通图层

文本图层具有不可编辑的特性，如果需要在文本图层中进行绘画、颜色调整或滤镜等操作，首先需要将文本图层转换为普通图层。

将文本图层转换为普通图层的方法如下：

❋　命令：单击"图层"|"栅格化"|"文字"命令，效果如图 7-58 所示。

图 7-58　将文字转换为普通图层

❋　快捷菜单：在"图层"调板中选择该文本图层为当前图层，单击鼠标右键，在弹出的快捷菜单中选择"栅格化文字"选项。

将文本图层转换为普通图层后，就不能再对文字属性进行设置了。

7.5.4　将文字转换为形状

将文本图层转换为形状图层有以下两种方法：

❈ 快捷菜单：在"图层"调板中需转换的文字图层上单击鼠标右键，在弹出的快捷菜单中选择"转换为形状"选项。

❈ 命令：单击"图层"|"文字"|"转换为形状"命令，可以将文字转换为形状，文本图层将被替换为具有矢量蒙版的图层。可以编辑矢量蒙版并对图层应用样式，但是不能再对文本进行文字属性的更改，如图 7-59 所示。

图 7-59　将文字转换为形状图层

7.5.5　点文字与段落文字互换

点文字可以转换为段落文字，以便在定界框内调整字符的排列；段落文字也可以转换为点文字，以便各文本行彼此独立地排列。将段落文字转换为点文字时，每个文本行的末尾（最后一行除外）都会添加一个回车符。

点文字及段落文字相互转换可以使用以下两种方法：

❈ 命令：单击"图层"|"文字"|"转换为段落文本"/"转换为点文本"命令。

❈ 快捷菜单：在"图层"调板中需转换的文本图层上单击鼠标右键，在弹出的快捷菜单中选择"转换为段落文本"/"转换为点文本"选项。

习　　题

一、填空题

1．在文字编辑状态下，按_____组合键，即可选中全部文本。

2．输入_____时，每一行文字都是独立的，行的长度随着文字的输入或减少而增加或缩短，但不会自动换行，若要换行，需按_____键。

3．点文字可以转换为_____文字，以便在定界框内调整字符的排列；段落文字也可以转换为_____，以便各文本行彼此独立地排列。

二、简答题

1．选中文字有哪几种方法？

2．文字变形有哪几种样式？

3．怎样将文字转换为工作路径或转换为普通图层？

三、上机题

1．运用横排文字工具制作如图 7-60 所示的增加文字效果。

图 7-60　文字增加前后效果对比

2．运用横排文字蒙版工具制作如图 7-61 所示的电话卡文字效果。

图 7-61　电话卡文字效果

关键提示：

（1）选取横排文字蒙版工具，设置好文字的属性，输入文字"福"并确认，创建文字选区并填充渐变色。

（2）单击"图层"|"图层样式"|"描边"命令，弹出"描边"对话框，设置"大小"为 4 像素、"位置"为"居中"、"颜色"为棕色（RGB 参数值分别为 117、72、0），单击"确定"按钮，添加描边样式。

（3）载入文字选区并变换选区，填充渐变色并取消选区。

第8章　图层的应用

■本章概述

本章主要介绍图层的类型、图层的基本操作和高级操作，以及图层样式和混合模式的功能和特性。通过本章的学习，读者可制作出具有创意的平面设计作品。

■方法集锦

背景图层转换 5 种方法	调整图层 2 种方法
蒙版图层 2 种方法	调用"图层"调板 2 种方法
移动图层 4 种方法	选择图层 7 种方法
删除图层 5 种方法	重命名图层 5 种方法
链接图层 4 种方法	合并图层 8 种方法
复制和粘贴图层样式 3 种方法	清除图层样式 3 种方法
填充图层 2 种方法	复制图层 6 种方法
新建图层 7 种方法	调整图层顺序 9 种方法
应用图层样式 3 种方法	

8.1　图层简介

图层是 Photoshop CC 的精髓功能之一，也是 Photoshop CC 系列软件的最大特色。使用图层功能，可以很方便地修改图像，简化图像编辑操作，使图像编辑更具有弹性。

"图层"顾名思义就是图像的层次，在 Photoshop CC 中可以将图层想像成是一张张重叠起来的透明胶片，如果图层上没有图像，就可以看到其底下的图层，如图 8-1 所示。

图 8-1　图层示意图

使用图层绘图的优点在于，可以非常方便地在相对独立的情况下对图像进行编辑和修改，可以为不同胶片（即 Photoshop CC 中的图层）设置混合模式及透明度，也可以通过更改图层的顺序和属性来改变图像的合成效果，而且在对图层中的某个图像进行处理时，不会影响到其他图层中的图像。

8.2　图层类型

在编辑图像的过程中，运用不同的图层类型产生的图像效果各不相同。Photoshop CC 软件中的图层类型主要有背景图层、普通图层、文字图层、调整图层、形状图层、填充图层和蒙版图层 7 种，下面将分别对其进行介绍。

8.2.1　背景图层

在 Photoshop CC 中新建文件时，"图层"调板中将会出现一个"背景"图层，该图层是一个不透明的图层，以工具箱中设置的背景色为底色，图层右侧有一个 🔒 图标，表示图层被锁定。

如果要对背景图层进行填充颜色、更改不透明度等操作，必须先将其转换为普通图层。

将背景图层转换为普通图层有以下 5 种方法：

❋　快捷键：按住【Alt】键的同时，双击"图层"调板的"背景"图层，即可将其转换为普通图层。

❋　双击：在"图层"调板中双击背景图层，弹出"新建图层"对话框，在该对话框中输入新的图层名称，然后单击"确定"按钮。

❋　工具：选取工具箱中的背景橡皮擦工具或魔术橡皮擦工具，在背景图层图像上进行擦除。

❋　命令：单击"图层" | "新建" | "背景图层"命令，即可将背景图层转换为普通图层。

❋　快捷菜单：在"图层"调板中的"背景"图层上单击鼠标右键，在弹出的快捷菜单中选择"背景图层"选项，即可将其转换为普通图层。

8.2.2　普通图层

普通图层是一种最常用的图层，该类型的图层完全透明，在其中可以进行各种图像编辑操作。

8.2.3　文本图层

文本图层是比较特殊的图层，它是使用文字工具建立的图层，一旦在图像窗口中输入文字，"图层"调板中将自动生成一个文本图层。

在文本图层中进行色调调整和应用滤镜命令

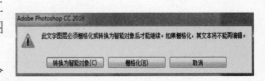

图 8-2　信息提示框

时，系统将会弹出一个提示信息框，如图 8-2 所示。单击"确定"按钮，即可将文本图层转换为普通图层。

8.2.4 形状图层

形状图层是使用工具箱中的形状工具或钢笔工具创建的，只有选中工具属性栏中的"形状图层"按钮时，才能创建形状图层，此时"图层"调板中将自动生成矢量蒙版缩览图。

在"图层"调板中，选择形状图层为当前工作图层，图像窗口中就会显示所绘形状，可选取工具箱中的各种路径编辑工具对其进行编辑。

8.2.5 调整图层

使用调整图层可以将颜色和色调调整应用于多个图层，而且不会更改图像中的像素值，例如：用户可以创建色阶或曲线来调整图层，而不是直接在图像上调整色阶或曲线。颜色和色调调整存储在调整图层中，并应用于以下的所有图层，调整图层会影响其下面的所有图层，这意味着可以通过进行单一调整来校正多个图层，而不是分别调整每个图层。

创建调整图层有以下两种方法：

※ 命令：单击"图层"|"新建调整图层"子菜单中的命令，系统将自动在"图层"调板中创建一个调整图层。

※ 按钮：单击"图层"调板底部的"创建新的填充或调整图层"按钮，在弹出的调板菜单中选择任意一种色调调整命令，在弹出的相应对话框中设置各选项，单击"确定"按钮，"图层"调板中将自动生成一个调整图层，如图 8-3 所示。

图 8-3 调整图层

8.2.6 填充图层

填充图层可以用纯色、渐变或图案填充。这种图层结合蒙版功能可以产生特殊的效果，但它与调整图层不同，填充图层不影响其下方的图层。

创建填充图层有以下两种方法：

※ 单击"图层"|"新建填充图层"子菜单中的命令，系统将自动在"图层"调板中创

建一个填充图层。

❋ 单击"图层"调板底部的"创建新的填充或调整图层"按钮，在弹出下拉菜单中，提供了纯色、渐变和图案三种填充图层类型，用户可以根据需要进行选择。

8.2.7 蒙版图层

使用蒙版可显示或隐藏图层的部分图像，或保护区域以免被编辑。

创建图层蒙版有以下两种方法：

❋ 按钮：单击"图层"调板底部的"添加图层蒙版"按钮。

❋ 命令：单击"图层"|"图层蒙版"子菜单中的命令，即可在"图层"调板中为当前图层创建一个蒙版图层。

8.3 "图层"调板

扫码观看本节视频

"图层"调板是在 Photoshop CC 中进行图层编辑操作必不可少的调板，主要显示当前的图层信息，用户可以一目了然地掌握当前操作的状态。

使用"图层"调板有以下两种方法：

❋ 命令：单击"窗口"|"图层"命令。

❋ 快捷键：按【F7】键。

使用以上任意一种方法，均可弹出"图层"调板，如图 8-4 所示。

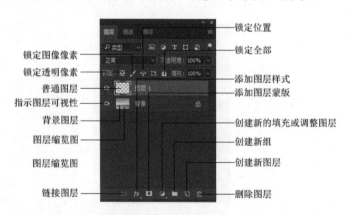

图 8-4 "图层"调板

该调板中各主要选项的含义如下：

❋ "指示图层可视性"图标：表示相应图层上的图像在文档中是可见的。

❋ "链接图层"按钮：链接选中的若干个图层。

❋ "添加图层样式"按钮：单击该按钮，将展开图层效果菜单。

❋ "添加图层蒙版"按钮：可以为图层添加蒙版。

❋ "创建新的填充或调整图层"按钮：单击该按钮，在弹出的下拉菜单中选择调整图层的类型。

✳ "创建新组"按钮▣：可以为图层添加图层组，用于图层的管理。

✳ "创建新图层"按钮▣：可以创建新的图层。将图层拖动到该按钮上并释放，可以复制图层。

✳ "删除图层"按钮▣：可以删除当前操作的图层。

✳ "锁定透明像素"按钮▣：锁定透明区域，操作时只针对非透明区域。

✳ "锁定图像像素"按钮▣：锁定像素，防止使用绘画工具修改图层的像素。

✳ "锁定位置"按钮▣：锁定时表示防止图层的像素被移动。

✳ "锁定全部"按钮▣：将前面的3个属性全部锁定。

8.4　图层的基本操作

图层的基本操作包括新建、移动、选择、复制、删除，以及重命名图层，熟练掌握图层的基本操作将有助于更好地处理图像。

8.4.1　新建图层

新建普通图层有以下7种方法：

✳ 命令：单击"图层"|"新建"|"图层"命令，弹出"新建图层"对话框，如图 8-5 所示。单击"确定"按钮，即可创建新图层。

图 8-5　"新建图层"对话框

✳ 快捷菜单：单击"图层"调板右上角的调板控制按钮，在弹出的调板菜单中选择"新建图层"选项。

✳ 快捷键＋按钮 1：按住【Alt】键，单击"图层"调板底部的"创建新图层"按钮。

✳ 快捷键＋按钮 2：按住【Ctrl】键，单击"图层"调板底部的"创建新图层"按钮，可在当前图层的下方新建一个图层。

✳ 快捷键 1：按【Shift＋Ctrl＋N】组合键。

✳ 快捷键 2：按【Shift＋Ctrl＋Alt＋N】组合键，可以在当前图层的上方添加一个图层。

✳ 按钮：单击"图层"调板底部的"创建新图层"按钮，即可在当前图层的上方创建一个新的图层。

8.4.2　移动图层

移动当前图层的方法与移动选区内图像的方法相同。

移动图层的方法有以下 4 种：

* 工具：选取工具箱中的移动工具，在图像窗口中拖曳某个被选定图层上的对象。
* 方向键：按键盘上的【↑】、【↓】、【←】和【→】方向键进行精确的移动。
* 快捷键＋方向键：按住【Shift】键的同时，按键盘上的方向键，每按一次，可以将对象微移 10 像素。
* 鼠标拖动：在"图层"调板中选择需要移动的图层，按住鼠标左键并进行上下拖动，即可移动"图层"调板中的图层。

8.4.3 选择图层

运用选择图层操作在 Photoshop CC 中可以更方便地处理多个图层。

📖 选择单个图层

选择单个图层有以下两种方法：

* 鼠标：单击"图层"调板中的图层，即可使其处于选择状态，处于选择状态的图层以蓝色显示，如图 8-6 所示。
* 快捷菜单：选取工具箱中的移动工具，在图像窗口需选择的图层上单击鼠标右键，在弹出的快捷菜单中选择所需的图层名称即可。

📖 选择多个图层

选择多个图层有以下 5 种方法：

* 快捷键＋鼠标 1：要选择多个连续的图层，可以选择第一个图层，然后按住【Shift】键单击最后一个图层，即可选择多个连续图层，如图 8-7 所示。

图 8-6　选择单个图层　　　　　　图 8-7　选择多个图层

* 快捷键＋鼠标 2：要选择多个非连续的图层，可以按住【Ctrl】键，单击"图层"调板中的图层。
* 命令 1：要选择所有的图层（背景图层除外），可以单击"选择"|"所有图层"命令。
* 命令 2：要选择类型相似的所有图层，可以单击"选择"|"相似图层"命令。如果不想选择任何图层，可以在"图层"调板下方的空白位置单击，或者单击"选择"|"取消选择图层"命令。
* 快捷键：按【Alt＋Ctrl＋A】组合键，即可选择所有图层（背景图层除外）。

8.4.4 复制图层

复制图层也是常用的基本操作之一。Photoshop CC 提供了多种复制图层的操作方法，分别如下：

❋ 按钮：选择需要复制的图层，按住鼠标左键将其拖动到"图层"调板底部的"创建新图层"按钮上，即可进行图层复制。

❋ 命令 1：在"图层"调板中选择需复制的图层，单击"图层"|"复制图层"命令，弹出"复制图层"对话框，如图 8-8 所示。设置相应参数，单击"确定"按钮即可。

图 8-8 "复制图层"对话框

❋ 命令 2：单击"图层"|"新建"|"通过拷贝的图层"命令。

❋ 调板菜单：选中欲复制的图层，单击"图层"调板右上角的调板控制按钮，在弹出的调板菜单中选择"复制图层"选项，弹出"复制图层"对话框。

❋ 快捷菜单：在"图层"调板中选择所需的图层，单击鼠标右键，在弹出的快捷菜单中选择"复制图层"选项，弹出"复制图层"对话框。

❋ 快捷键：按【Ctrl＋J】组合键。

8.4.5 删除图层

在一个多图层的图像文件中，将不再需要的图层删除可以减小文件大小，节省空间。

删除图层有以下 5 种方法：

❋ 命令：在"图层"调板中选择需要删除的图层，单击"图层"|"删除"|"图层"命令，将弹出一个提示信息框，如图 8-9 所示。单击"是"按钮，即可删除当前选择的图层。

❋ 调板菜单：单击"图层"调板右上角的调板控制按钮，在弹出的调板菜单中选择"删除图层"选项。

图 8-9 提示信息框

❋ 按钮：选择需要删除的图层，单击"图层"调板底部的"删除图层"按钮。

❋ 鼠标＋按钮：选择需要删除的图层，按住鼠标左键将其拖动到调板底部的"删除图层"按钮上，即可快速删除所选择的图层。

❋ 快捷键：选取工具箱中的移动工具，并确认所需删除的图层为当前图层，按【Delete】键。

8.4.6 重命名图层

在设计平面作品时，将会创建很多图层，为了便于识别每一个图层的内容，需要对图层进行重命名。

重命名图层有以下 5 种方法：

❋ 双击鼠标左键：双击"图层"调板中图层的名称，会出现一个蓝色文本，即可输入新的名称。

❋ 快捷键＋双击鼠标左键：按【Alt】键，双击"图层"调板中的图层，弹出"图层属性"对话框，如图 8-10 所示。在该对话框中输入所需的名称，单击"确定"按钮即可。

图 8-10 "图层属性"对话框

❋ 命令：单击"图层"|"重命名图层"命令，弹出"图层属性"对话框。

❋ 调板菜单：单击"图层"调板右上角的调板控制按钮，在弹出的调板菜单中选择"图层属性"选项，弹出"图层属性"对话框。

❋ 快捷菜单：在"图层"调板中选择需要重命名的图层，单击鼠标右键，在弹出的快捷菜单中选择"图层属性"选项，弹出"图层属性"对话框。

8.5 图层的高级操作

图层的高级操作主要是调整图层和图层组的顺序、链接和合并图层，以及对齐和分布图层。下面将分别进行介绍。

8.5.1 调整图层顺序

"图层"调板中图层或图层组的堆叠顺序决定其内容出现在当前图像的前面还是后面。

📖 使用命令调整图层顺序

使用命令调整图层顺序有以下 4 种方法：

❋ 单击"图层"|"排列"|"置为顶层"命令，可将当前图层置为最顶层。

❋ 单击"图层"|"排列"|"前移一层"命令，可将当前图层向上移一层。

❋ 单击"图层"|"排列"|"后移一层"命令，可将当前图层向下移一层。

❋ 单击"图层"|"排列"|"置为底层"命令，可将当前图层置为最底层（背景图层的上方）。

📖 使用快捷键调整图层顺序

使用快捷键调整图层顺序有以下 4 种方法：

❋ 按【Ctrl＋]】组合键，可将当前图层向上移一层。

❋ 按【Shift＋Ctrl＋]】组合键，可将当前图层置为最顶层。

❋ 按【Ctrl＋[】组合键，可将当前图层向下移一层。

❋ 按【Shift＋Ctrl＋[】组合键，可将当前图层置为最底层（背景图层的上方）。

由于 Photoshop CC 中的图层具有上层图像覆盖下层的特性，因此在某些情况下需要改变图层的上下顺序，以获得不同的效果。

📖 使用鼠标调整图层顺序

在"图层"调板中选择需要移动的图层，按住鼠标左键并进行上下拖动，即可移动"图层"调板中的图层，如图 8-11 所示。

图 8-11　移动"图层"调板中的图层

调整图层顺序前后的效果如图 8-12 所示。

图 8-12　原图像和调整图层顺序后的对比效果

8.5.2　链接图层

Photoshop CC 允许将多个图层链接在一起，这样就可以作为一个整体进行移动、变换以及创建剪贴蒙版等操作。

链接图层有以下 4 种方法：

❋ 按钮：选中需要链接的图层，单击"图层"调板底部的"链接图层"按钮，此时，被链接的图层上将显示一个链接图标，如图 8-13 所示。

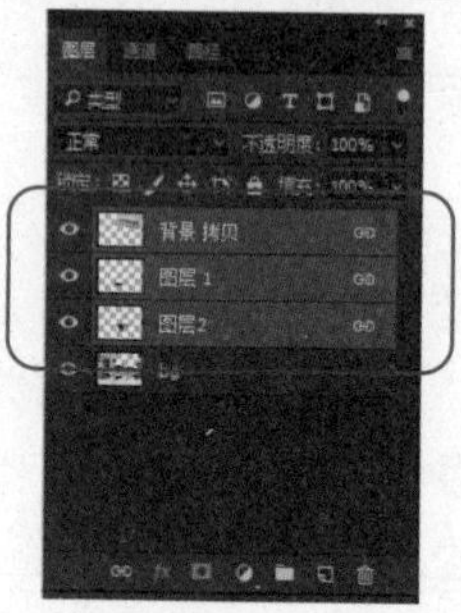

图 8-13　链接图层

❋ 命令：选中需要链接的图层，单击“图层”|“链接图层”命令，即可对所选择的图层进行链接。

❋ 快捷菜单：在“图层”调板中选中需链接的图层，单击鼠标右键，在弹出的快捷菜单中选择“链接图层”选项，即可链接图层。

❋ 调板菜单：选中需要链接的图层，单击“图层”调板右上角的调板控制按钮，在弹出的调板菜单中选择“链接图层”选项，即可链接图层。

8.5.3　合并图层

在处理图像文件时，常常会创建许多图层，这样会使图像文件占用磁盘的空间增加。因此，当确定图层的内容后，就可以将一些不必要单独存在的图层合并，这样有助于减小图像文件的大小。在合并后的图层中，所有图层透明区域的交叠部分都会保持透明。

🕮 使用命令合并图层

使用命令合并图层有以下 3 种方法：

❋ 单击“图层”|“向下合并”命令，当前图层将与其下一个图层进行合并。

❋ 单击“图层”|“合并可见图层”命令，可以将所有显示的图层合并。

❋ 单击“图层”|“拼合图像”命令，可以将所有显示的图层合并。如果图像中有隐藏的图层，系统会询问是否放弃隐藏的图层。

🕮 使用快捷菜单合并图层

使用快捷菜单合并图层有以下两种方法：

❋ 按【Ctrl+E】组合键，可以将“图层”调板中的当前图层与其下一个图层进行合并。

❋ 按【Shift+Ctrl+E】组合键，可以将“图层”调板中的可见图层进行合并。

🕮 使用调板菜单合并图层

使用调板菜单合并图层有以下 3 种方法：

❋ 单击“图层”调板右上角的调板控制按钮，在弹出的调板菜单中选择“向下合并”选项，即可将当前图层与其下一个图层合并。

❋ 单击“图层”调板右上角的调板控制按钮，在弹出的调板菜单中选择“合并可见图层”选项，即可将所有可见的图层合并。

❋ 单击"图层"调板右上角的调板控制按钮,在弹出的调板菜单中选择"拼合图像"选项,即可将所有的图层合并。

8.5.4 对齐和分布图层

单击路径选择工具属性栏中的相关按钮,可以对多个路径进行对齐与分布操作。对多个图层也可以进行类似的操作,使各图层中的内容看起来更加有序。

📖 对齐图层

对齐链接图层指将各链接图层沿直线排列,使用时需要建立两个或两个以上的图层链接,然后单击"图层"|"对齐"命令,在弹出的子菜单中单击相应的命令即可,如图 8-14 所示。

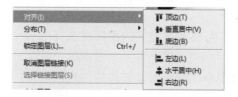

图 8-14 "对齐"子菜单命令

"对齐"子菜单中各命令的功能如下:

❋ 顶边:执行该命令,可将所有链接的图层或选择的多个图层以最上边的像素点为基准靠上对齐。

❋ 垂直居中:执行该命令,可将所有的图层或选择的多个图层以垂直方向的中心线为基准垂直居中对齐。

❋ 底边:执行该命令,可将所有的图层或选择的多个图层以最底端的像素点为基准靠下对齐。

❋ 水平居中:执行该命令,可将所有的图层或选择的多个图层以水平方向的中心线为基准水平居中对齐。

❋ 右边:执行该命令,可将所有的图层或选择的多个图层以最右侧的像素点为基准靠右对齐。

按垂直居中和右边对齐图层图像的效果如图 8-15 所示。

原图　　　　　　　　　　垂直居中　　　　　　　　　　右边

图 8-15 垂直居中和右边对齐效果

📖 分布图层

分布链接图层是指将各链接图层沿直线分布,使用该功能时需先建立 3 个或 3 个以上的

链接图层，然后单击"图层"|"分布"命令，在弹出的子菜单中单击相应的命令即可，如图8-16 所示。

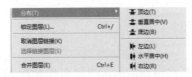

图 8-16 "分布"子菜单命令

"分布"子菜单中各命令的功能如下：

❋ 顶边：执行该命令，可将所有链接的图层或选择的多个图层以最顶端的像素点为基准相隔同样的距离。

❋ 垂直居中：执行该命令，可将所有链接的图层或选择的多个图层以垂直居中的中心线为基准相隔同样的距离。

❋ 底边：执行该命令，可将所有链接的图层或选择的多个图层以最底端的像素点为基准相隔同样的距离。

❋ 水平居中：执行该命令，可将所有链接的图层或选择的多个图层以水平居中的中心线为基准相隔同样的距离。

❋ 右边：执行该命令，可将所有链接的图层或选择的多个图层以最右侧的像素点为基准相隔同样的距离。

顶边和水平居中分布图层图像的效果如图 8-17 所示。

原图　　　　　　　　　　顶边　　　　　　　　　水平居中

图 8-17 顶边和水平居中分布效果

8.6 图层样式

图层样式是 Photoshop CC 中一个非常实用的功能，使用样式可以改变图层内容的外观，轻松制作出各种图像特效，从而使作品更具视觉魅力。

扫码观看本节视频

8.6.1 图层样式类型

为了使用户在处理图像过程中得到更加理想的效果，Photoshop CC 提供了 10 种图层样式，如投影、发光、斜面和浮雕等样式，用户可以根据实际需要，应用其中的一种或多种样式，从而制作出特殊的图像效果。

📖 投影样式

"投影"样式可以使图像生成投影,从而产生成立体效果。

单击"图层"|"图层样式"|"投影"命令,弹出投影图层样式对话框,如图 8-18 所示。

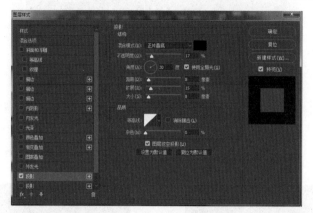

图 8-18 投影图层样式对话框

该对话框中各主要选项的含义如下:

❋ 混合模式:用于设置阴影与下方图层的混合模式,其右侧的色块用于设置阴影的颜色。

❋ 不透明度:用于设置阴影的不透明度。

❋ 角度:用于设置阴影的角度。若所有的图层都使用相同的角度,选中"使用全局光"复选框即可。

❋ 距离:用于设置阴影的偏移距离。

❋ 扩展:用于设置阴影的柔和效果,其数值越大,投影越模糊。

❋ 大小:用于设置阴影边缘膨胀的柔和尺寸,其数值越大,投影边缘越明显。

应用"投影"样式前后的效果如图 8-19 所示。

图 8-19 添加投影样式前后的效果

📖 内阴影样式

使用"内阴影"样式可以对图像进行内阴影效果的制作,可以使图像内容边缘产生阴影效果。

单击"图层"|"图层样式"|"内阴影"命令,弹出内阴影图层样式对话框,如图 8-20 所示。该对话框中的各项设置及其功能与"投影"样式设置对话框基本相同,其中的"阻塞"

选项用于设置对阴影进行模糊处理前缩小图层蒙版的程度。

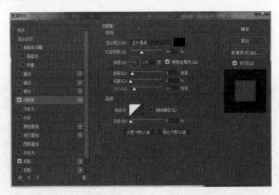

图 8-20　内阴影图层样式对话框

应用"内阴影"样式前后的效果如图 8-21 所示。

图 8-21　添加内阴影样式前后的效果

📖 外发光样式

"外发光"样式可以使图像沿着边缘产生向外发光效果。

单击"图层"|"图层样式"|"外发光"命令，弹出外发光图层样式对话框，如图 8-22 所示。

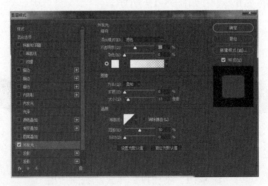

图 8-22　外发光图层样式对话框

该对话框中各主要选项的含义如下：

※　发光方式设置区：用于选择发光的颜色或特殊发光效果。选择左侧的色块为单色；选择右侧的渐变条则为渐变色。

※　方法：用于设置边缘元素的模型，可以用"柔和"和"精确"选项产生效果。

※　扩展：用于设置发光效果的发散程度。

※　大小：用于设置发光范围的大小。

应用"外发光"样式前后的效果如图 8-23 所示。

图 8-23　添加外发光样式前后的效果

📖 内发光样式

"内发光"样式可以使图像沿着边缘产生向内发光效果。

单击"图层"|"图层样式"|"内发光"命令，弹出内发光图层样式对话框，如图 8-24 所示。

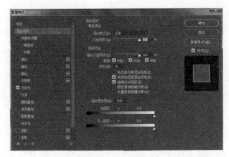

图 8-24　内发光图层样式对话框

该对话框中的选项与外发光图层样式对话框基本相同，不同之处有："阻塞"数值框，与外发光图层样式中的"扩展"数值框是两个相反效果的选项；选中"居中"单选按钮，可以在图像的中央发光；选中"边缘"单选按钮，可以在图像的边缘内发光。

应用"内发光"样式前后的效果如图 8-25 所示。

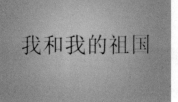

图 8-25　添加内发光样式前后的效果

📖 斜面和浮雕样式

"斜面和浮雕"样式是一个非常重要的图层样式，功能也相当强大。使用它可以在图像上制作出各种浮雕效果。

单击"图层"|"图层样式"|"斜面和浮雕"命令，弹出斜面和浮雕图层样式对话框，如图 8-26 所示。

第 8 章 图层的应用

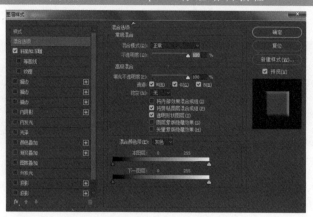

图 8-26　斜面和浮雕图层样式对话框

该对话框中各主要选项的含义如下：

✳ 样式：用于设置斜面和浮雕效果样式，其中提供了 5 种样式，选择"内斜面"样式时，可以使图层图像的内侧边缘生成斜面；选择"外斜面"样式时，可以使图层内容的外侧边缘生成斜面；选择"浮雕效果"样式时，可以使图层图像相对于下面的图层产生浮雕效果；选择"枕状浮雕"样式时，可以使图层图像边缘向下面的图层产生冲压效果；选择"描边浮雕"样式时，可以对图层应用描边浮雕效果。

✳ 方法：用于设置浮雕的方式，其中包括平滑、雕刻清晰及雕刻柔和 3 个选项。

✳ 深度：用于设置斜面或浮雕效果的深度。

✳ 大小：用于设置斜面或浮雕的尺寸大小。

✳ 软化：用于设置阴影模糊程度，以减弱斜面或浮雕的三维效果。

✳ 高光模式：用于设置斜面或浮雕高光区域的混合模式与颜色。

✳ 阴影模式：用于设置斜面或浮雕阴影的混合模式与颜色。

斜面和浮雕样式还有两个附加选项，分别为"等高线"和"纹理"，通过设置这两个选项，可以使斜面和浮雕效果更加丰富。选中"等高线"复选框后，允许对斜面和浮雕效果应用等高线；选中"纹理"复选框后，允许对斜面和浮雕效果应用各种纹理图案。

使用"斜面和浮雕"样式前后的效果如图 8-27 所示。

原图

内斜面

枕状浮雕

图 8-27　斜面和浮雕样式效果

📖 光泽样式

"光泽"样式用于向图像内部应用与图像形状相互作用的底纹，从而产生具有绸缎光泽的效果，多用于表现图像表面斑驳的光影。

单击"图层"|"图层样式"|"光泽"命令，弹出光泽图层样式对话框，如图 8-28 所示。

该对话框中的参数与前面几种图层样式的参数类似，这里不再赘述。

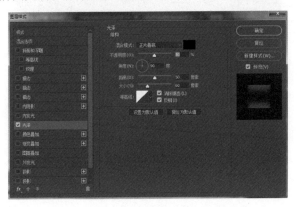

图 8-28　光泽图层样式对话框

使用"光泽"样式前后的效果如图 8-29 所示。

图 8-29　光泽样式效果

颜色叠加样式

"颜色叠加"样式可以在不改变图像本身颜色属性的前提下为图像添加一层单一色彩。应用"颜色叠加"样式前后的效果如图 8-30 所示。

图 8-30　颜色叠加样式效果

渐变叠加样式

"渐变叠加"样式可以用渐变叠加的方式对图像添加渐变色。

单击"图层"|"图层样式"|"渐变叠加"命令，弹出渐变叠加图层样式对话框，如图 8-31 所示。

图 8-31　渐变叠加图层样式对话框

该对话框中的"渐变"色条用于选择渐变颜色的种类，其效果可以自定义；"反向"复选框表示反转渐变颜色的方向；"样式"下拉列表框用于选择渐变的类型；"角度"数值框用于设置渐变的角度；"缩放"数值框用于设置渐变的缩放比例。

应用"渐变叠加"样式前后的效果如图 8-32 所示。

图 8-32　渐变叠加样式效果

📖 图案叠加样式

"图案叠加"样式可以用图案填充的方式对图像添加图案。

单击"图层"|"图层样式"|"图案叠加"命令，弹出图案叠加图层样式对话框，如图8-33 所示。

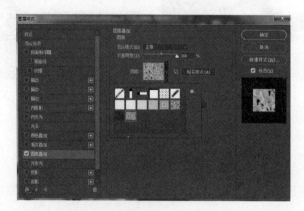

图 8-33　图案叠加图层样式对话框

该对话框中的"图案"色块与图案图章工具中的图案性质是相同的，可以载入其他图案；"缩放"数值框用于设置图案的缩放比例，调整图案的大小以符合图形的要求；"与图层链接"复选框用于将图案与图层链接在一起，当对图层进行缩放变形编辑操作时，图案会同时缩放变形。

应用"图案叠加"样式前后的效果如图 8-34 所示。

图 8-34　图案叠加样式效果

📖 描边样式

使用"描边"样式可以在图像的周围描边纯色和渐变边框。

单击"图层"|"图层样式"|"描边"命令，弹出描边图层样式对话框，如图 8-35 所示。

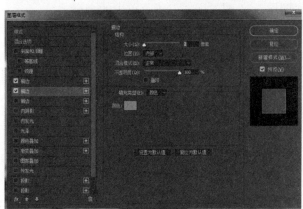

图 8-35　描边图层样式对话框

该对话框中各主要选项的含义如下：

❋　"大小"数值框：用于设置描边的粗细。

❋　"位置"下拉列表框：用于设置描边位置，其中有 3 个选项，即外部、内部和居中。

❋　"填充类型"下拉列表框：用于设置描边区域内填充的类型，其中有 3 个选项，即颜色、渐变和图案。其中，选择"颜色"选项，则以单色填充边框，可以单击颜色块，在弹出的"拾色器"对话框中选择相应的颜色；选择"渐变"选项，则通过调整渐变方式、渐变类型等参数对边框进行渐变填充；选择"图案"选项，则以图案填充边缘，其参数设置与图案叠加图层样式的参数设置相同。

应用"描边"样式前后的效果如图 8-36 所示。

图 8-36　描边样式效果

8.6.2　编辑图层样式

用户可以将某一个图层样式应用到当前图层中，再复制到另一个图层中，这样就不用重复对多个图层进行同样的设置，从而提高工作效率。同时，也可以删除图层中的样式，或对图层进行不同程度的混合。

📖 应用图层样式

应用图层样式，可以通过以下 3 种方法实现：

✳ 命令：单击"图层"|"图层样式"子菜单中的命令。

✳ 按钮：单击"图层"调板底部的"添加图层样式"按钮，在弹出的下拉菜单中选择所需的选项。

✳ 调板菜单：单击"图层"调板右上角的调板控制按钮，在弹出的调板菜单中选择"混合选项"选项，弹出"图层样式"对话框，如图 8-37 所示。在该对话框左侧选中所需样式的复选框。

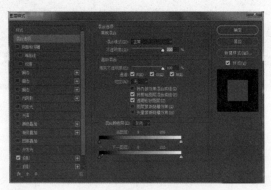

图 8-37　"图层样式"对话框

该对话框中各主要选项的含义如下：

✳ 填充不透明度：用于为图层指定填充不透明度。填充不透明度会影响图层中绘制的像素或形状的显示，但不影响已应用图层样式的图层的不透明度。

✳ 挖空：使用该选项可以设置穿透图层看到其他图层中的内容。

✳ 将内部效果混合成组：选中该复选框，将图层的混合模式应用于修改不透明像素的图层效果，如内发光、颜色叠加和渐变叠加。

* 将剪贴图层混合成组：将基底图层的混合模式应用于剪贴组中的所有图层。
* 透明形状图层：可将图层效果和挖空限制在图层的不透明区域。
* 图层蒙版隐藏效果：可将图层效果限制在图层蒙版所定义的区域。
* 矢量蒙版隐藏效果：可将图层效果限制在矢量蒙版所定义的区域。
* 混合颜色带：可以将混合效果限制在指定的通道内。如编辑 RGB 模式的图像时，可以选择 R、G 和 B 通道，通过拖移"本图层"和"下一图层"滑块来调整图像，该图像中将显示当前以及下面的可视图层中的像素。用户可以去除当前图层中的暗像素，或强制将下一图层中的亮像素显示出来，也可以定义部分混合像素的范围，在混合区域和非混合区域之间产生一种平滑的过渡。

📖 复制图层样式

在编辑图像的过程中，如果需要将现有的图层样式应用到其他图层的图形或图像中，可以使用复制和粘贴图层样式功能进行，这样可以大大提高工作效率。

复制和粘贴图层样式有以下 3 种方法：

* 命令：单击"图层"|"图层样式"|"拷贝图层样式"/"粘贴图层样式"命令。
* 快捷菜单：在"图层"调板中添加的图层样式上单击鼠标右键，在弹出的快捷菜单中选择"拷贝图层样式"/"粘贴图层样式"选项。
* 快捷键：按住【Alt】键，在"图层"调板中的图层效果名称上单击鼠标左键，然后拖曳鼠标至需要图层样式的图层上（此时鼠标指针呈 𝑓𝑥 形状），释放鼠标即可。

使用以上任意一种方法，均可复制图层样式，如图 8-38 所示。

图 8-38　复制图层样式

📖 清除图层样式

清除图层样式有以下 3 种方法：

* 拖曳鼠标：在"图层"调板中，将应用的图层样式拖曳至调板底部的"删除图层"按钮上。
* 命令：单击"图层"|"图层样式"|"清除图层样式"命令。
* 快捷菜单：在"图层"调板中图层样式所在图层上单击鼠标右键，在弹出的快捷菜单中选择"清除图层样式"选项。

使用以上任意一种方法，均可将图层样式清除，如图 8-39 所示。

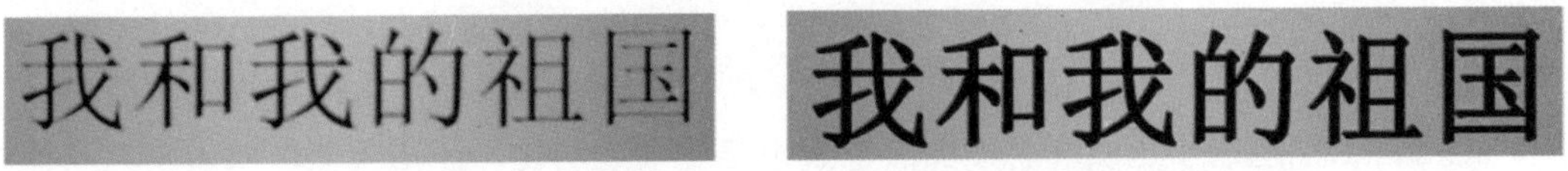

图 8-39　原图与清除图层样式后的效果

8.7 图层混合模式

Photoshop CC 提供了多种可以直接应用于图层的混合模式,不同的颜色混合将产生不同的效果,适当地使用混合模式会使图像呈现出意想不到的效果。

在"图层"调板中,单击"设置图层的混合模式"下拉按钮,在弹出的下拉列表中可以选择各种混合模式,如图 8-40 所示。

图 8-40　混合模式

各种混合模式的含义如下:

※ 正常:该模式是 Photoshop CC 的默认模式,选择该模式,上方图层中的图像将完全覆盖下方图层中的图像,只有当上方图层的不透明度小于 100% 时,下方的图层内容才会显示出来,如图 8-41 所示。

图 8-41　原图与调整不透明度后的效果

※ 溶解:在图层完全不透明的情况下,选择该模式与选择正常模式得到的效果完全相同。但当降低图层的不透明度时,图层像素不是逐渐透明化,而是某些像素透明,其他像素则完全不透明,从而得到颗粒化效果。

❋ 变暗：将显示上方图层与下方图层，比较暗的颜色作为像素的最终颜色，一切亮于下方图层的颜色将被替换，暗于底色的颜色将保持不变。

❋ 正片叠底：将当前图层颜色像素值与下一图层同一位置像素值相乘，再除以 255，得到的效果会比原来图层暗很多，如图 8-42 所示。

图 8-42　原图与"正片叠底"模式效果

❋ 颜色加深：该模式通过查看每个通道颜色信息，增加对比度以加深图像的颜色，用于创建暗的阴影效果。

❋ 线性加深：用于查看每个通道的信息，不同的是，它是通过降低亮度使下一图层的颜色变暗，从而反衬当前图层的颜色，下方图层与白色混合时没有变化。

❋ 深色：该模式是 Photoshop CC 的新增功能，在绘制图像时，系统会将像素的暗调降低，以显示绘图颜色，若用白色绘图将不改变图像色彩。

❋ 变亮：以较亮的像素代替下方图层中与之相对应的较暗像素，且下方图层中的较亮区域将代替画笔中的较暗区域，叠加后图像呈亮色调。

❋ 滤色：该模式与"正片叠底"模式正好相反，它是将绘制的颜色与底色的互补色相乘，再除以 255，得到的结果作为最终混合效果，该模式转换后的颜色通常很浅，如图 8-43 所示。

图 8-43　原图与"滤色"模式效果

❋ 颜色减淡：该模式查看每个颜色通道的颜色信息，通过增加对比度使颜色变亮，使用该模式可以生成非常亮的合成效果。

❋ 线性减淡（添加）：该模式查看每个颜色通道的信息，通过降低亮度使颜色变亮，而且呈线性混合。

❋ 浅色：在绘制图像时，系统将像素的亮度提高，以显示绘图颜色，若用黑色绘图将不改变图像色彩。

❋ 叠加：该模式图像的最终效果取决于下方图层，但上方图层的明暗对比效果也将直接影响到整体效果，叠加后下方图层的亮度区与阴影区仍被保留。

❋ 柔光：该模式用于调整绘图颜色的灰度，如图 8-44 所示。当绘图颜色灰度小于 50% 时，图像将变亮，反之则变暗。

图 8-44　原图与"柔光"模式效果

❋ 强光：该模型根据混合色的不同，使像素变亮或变暗。若混合色比 50% 的灰度亮，则原图像变亮；若混合色比 50% 的灰度暗，则原图像变暗。该模式特别适用于为图像增加暗调。

❋ 亮光：若图像的混合色比 50% 灰度亮，系统将通过降低对比度来加亮图像；反之，则通过提高对比度来使图像变暗。

❋ 线性光：若图像的混合色比 50% 灰度亮，系统将通过提高对比度来加亮图像；反之，通过降低对比度来使图像变暗，如图 8-45 所示。

图 8-45　原图与"线性光"模式效果

❋ 点光：该模式根据颜色亮度将上方图层颜色替换为下方图层颜色。若上方图层颜色比 50% 的灰度亮，则上方图层的颜色被下方图层的颜色取代，否则保持不变。

❋ 实色混合：该模式将会根据上下两个图层中图像的颜色分布情况，取两者的中间值，对图像中相交的部分进行填充。使用该模式可以制作出强对比度的色块效果。

❋ 差值：该模式将以绘图颜色和底色中较亮的颜色减去较暗颜色的亮度作为图像的亮度，因此，绘制颜色为白色时可使底色反相，绘制颜色为黑色时原图不变。

❋ 排除：该模式将与"差值"模式相似但对比度较低的效果排除。

❋ 减去：该模式会从基色中减去混合色，减去亮度后结果会变暗，而对比较暗的部分没有效果。

❋ 划分：该混合模式的效果与"减去"混合模式完全相反。"划分"模式是基色分割混合色，如果混合色与基色相同，其结果为白色。

❋ 色相：该模式混合后的图像亮度和饱和度由底色来决定，但色相由绘制颜色决定，如图 8-46 所示。

图 8-46 原图与"色相"模式效果

❋ 饱和度：该模式是将下方图层的亮度和色相值与当前图层饱和度进行混合，效果如图 8-47 所示。若当前图层的饱和度为 0，则原图像的饱和度也为 0，混合后亮度和色相与下方图层相同。

图 8-47 原图与"饱和度"模式效果

❋ 颜色：该模式采用底色的亮度及上方图层的色相/饱和度的混合作为最终色。可保留原图的灰阶，对图像的色彩微调非常有帮助。

❋ 明度：该模式最终图像的像素值由下方图层的色相/饱和度值及上方图层亮度构成。

习 题

一、填空题

1. 按住_____键双击"图层"调板的当前图层，即可将背景图层转换为普通图层。

2. _____图层是一种最常用的图层，该类型的图层完全透明，在_____图层上可以进行各种图像编辑操作。

3. 使用_____样式可以使图像沿着边缘向外产生发光效果。

二、简答题

1. 图层分为哪几大分类，特点分别是什么？

2. 新建图层有哪几种方法？

3. 图层的混合模式有哪几种？

三、上机题

制作如图 8-48 所示的花样相框效果。

图 8-48 花样相框

关键提示：

（1）复制并粘贴"人物素材"图像至"相框素材"图像中，然后使用"自由变换"命令调整至合适大小及位置。

（2）使用椭圆选框工具创建一个椭圆选区，反选选区，并按【Delete】键，删除选区内的图像，并取消选区。

（3）单击"图层"|"排列"|"后移一层"命令，将人物素材移至相框素材的下方。

第9章 蒙版与通道的应用

■本章概述

本章主要介绍通道和蒙版的基础知识，包括蒙版的创建、关闭、删除等操作，以及通道的操作、应用和计算，掌握了这些操作技巧及方法，可以设计的作品更具艺术感染力。

■方法集锦

创建快速蒙版 2 种方法	创建图层蒙版 5 种方法	关闭图层蒙版 3 种方法
删除图层蒙版 3 种方法	应用图层蒙版 2 种方法	新建通道 3 种方法
载入选区 3 种方法	创建专色通道 4 种方法	复制通道 2 种方法
删除通道 3 种方法		

9.1 蒙版与 Alpha 通道

通道和蒙版是 Photoshop CC 中的重要功能，使用通道可以保存图像颜色信息，可以用来制作精确的选区并对选区进行各种处理，或者使用滤镜对单色通道进行各种艺术效果的处理。通道和蒙版结合起来使用，可以简化对相同选区的重复操作，使用蒙版可将以各种形式建立的选区进行保存。

9.1.1 图层蒙版

在 Photoshop CC 中，蒙版存储在 Alpha 通道中。蒙版和通道都是灰度图像，因此可以像编辑其他图像那样进行编辑。对蒙版和通道而言，绘制的黑色区域会受到保护，绘制的白色区域则可以进行编辑。

📖 创建快速蒙版

快速蒙版功能可以快速地将选取的范围转换为一个蒙版。

创建快速蒙版有以下两种方法：

✳ 按钮：单击工具箱中的"以快速蒙版模式编辑"按钮 ▣。

✳ 快捷键：按【Q】键。

举例说明——品味生活

（1）单击"文件"|"打开"命令，打开一个盘子素材图像，如图 9-1 所示。

（2）单击工具箱中的"以快速蒙版模式编辑"按钮▣，进入以快速蒙版编辑状态。选择任意工具并在图像中进行任意涂抹，此时，"通道"调板中将出现一个名为"快速蒙版"的通道，如图 9-2 所示。

（3）单击"以快速蒙版模式编辑"按钮，将切换为"以标准模式编辑"按钮，在通道中创建的"快速蒙版"通道将会消失，此时，蒙版区域将转换为选区，如图 9-3 所示。

| 图 9-1　素材图像 | 图 9-2　快速蒙版 | 图 9-3　蒙版转换为选区 |

创建图层蒙版

创建图层蒙版的方法有以下 5 种：

❋ 按钮 1：在图像存在选区的状态下，单击"图层"调板底部的"添加图层蒙版"按钮，可以为选区外的图像部分添加蒙版。

❋ 按钮 2：如果图像没有选区，可直接单击"图层"调板底部的"添加图层蒙版"按钮，为整个图像添加蒙版。

❋ 按钮 3：单击工具箱中的"以快速蒙版模式编辑"按钮，并用工具在图像编辑窗口的图像上进行涂抹，将会在图像中产生一个快速蒙版。

❋ 命令 1：单击"图层"|"图层蒙版"|"显示全部"命令，即可为当前图层添加蒙版。

❋ 命令 2：单击"图层"|"矢量蒙版"|"显示全部"命令，即可为当前图层添加矢量蒙版。

举例说明——美丽画面

（1）单击"文件"|"打开"命令，打开笔记本电脑和一幅美景图像，如图 9-4 所示。

扫码观看教学视频

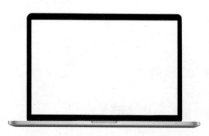

图 9-4　素材图像

（2）确认美景素材图像为当前编辑图像，选取工具箱中的移动工具，将其移至 DV 图像窗口内，按【Ctrl＋T】组合键，调出变换控制框，按住【Shift＋Ctrl】组合键的同时，向内拖曳右上角的控制柄至合适位置，按【Enter】键确认变换操作，效果如图 9-5 所示。

（3）在"图层"调板中，单击"图层 1"前面的"指示图层可视性"图标，隐藏"图层 1"。确认"背景"图层为当前图层，选取工具箱中的磁性套索工具，移动鼠标指针至图像视频边缘，并创建一个矩形选区，如图 9-6 所示。

图 9-5　置入图像　　　　　　　　　　　　图 9-6　创建选区

（4）单击"图层"调板中的"指示图层可视性"图标，显示"图层 1"，然后单击"图层"调板底部的"添加图层蒙版"按钮，为其添加图层蒙版，"图层"调板与图像效果如图 9-7 所示。

图 9-7　添加图层蒙版后的效果

📖 关闭图层蒙版

关闭图层蒙版有以下 3 种方法：

❋　命令：当图像添加了蒙版后，单击"图层"|"图层蒙版"|"停用"命令，即可将蒙版关闭，"图层"调板中添加的蒙版上将出现红色的叉号，如图 9-8 所示。

图 9-8　原图像与执行"停用"命令后的图像

❋　快捷键：当图像添加蒙版后，按住【Shift】键单击"图层"调板中的"图层蒙版缩览图"按钮█。

❋　快捷菜单：在"图层"调板中的"图层蒙版缩览"图标▢上单击鼠标右键，在弹出的快捷菜单中选择"停用图层蒙版"选项。

　📖 删除图层蒙版

删除图层蒙版的方法有以下 3 种：

※ 命令：为某一图层添加蒙版后，单击"图层"|"图层蒙版"|"删除"命令。

※ 按钮：选中当前要删除的图层，在"图层"调板中的"图层蒙版缩览"图标□上，按住鼠标左键不放，将其拖曳至调板底部的"删除图层"按钮上，将弹出提示信息框，如图 9-9 所示。单击"删除"按钮，即可删除蒙版；单击"应用"按钮，则蒙版中白色区域对应的图层图像将被保留，而黑色区域对应的图层图像将被删除，灰色过渡区域对应的图像部分（含像素）也被删除。

图 9-9　提示信息框

※ 快捷菜单：在"图层"调板中的图层蒙版缩览图□上单击鼠标右键，在弹出的快捷菜单中选择"删除图层蒙版"选项。

　📖 应用图层蒙版

应用图层蒙版的方法有以下两种：

※ 在图像文件中添加了蒙版后，单击"图层"|"图层蒙版"|"应用"命令，可以应用蒙版保留图像当前的状态，同时图层蒙版将被删除。

※ 快捷菜单：在"图层"调板中的图层蒙版缩览图□上单击鼠标右键，在弹出的快捷菜单中选择"应用图层蒙版"选项。

9.1.2　蒙版转换为通道

将快速蒙版切换为标准模式后，单击"选择"|"存储选区"命令，弹出"存储选区"对话框，如图 9-10 所示。采用默认设置，单击"确定"按钮，即可将临时蒙版创建的选区转换为永久性的 Alpha 通道，如图 9-11 所示。

图 9-10　"存储选区"对话框

图 9-11　创建 Alpha 通道

9.1.3　使用图层蒙版合成图像

使用 Alpha 通道可以存储和载入选区，可以使用任何一种编辑工具来编辑 Alpha 通道。

在"通道"调板中选中通道时，前景色和背景色以灰度值显示。相对于快速蒙版模式的临时蒙版，可将选区存储为 Alpha 通道创建永久的蒙版。可以重新使用存储的选区，也可以将它们载入到另一幅图像中。

将通道创建的复杂选区载入到图像中后，可以将选区转换为蒙版。

举例说明——汽车时代

（1）单击"文件"|"打开"命令，打开汽车素材图像和汽车配件素材图像，如图 9-12 所示。

图 9-12　素材图像

（2）确定汽车配件素材图像为当前图像，选取工具箱中的移动工具，将汽车配件图像移至汽车素材图像窗口中，并调整其大小及位置，效果如图 9-13 所示。

（3）单击"图层"调板底部的"添加图层蒙版"按钮，对其添加图层蒙版。

（4）按【D】键，恢复默认的前景色（黑色）和背景色（白色），然后选取工具箱中的画笔工具，在工具属性栏中设置合适大小的画笔，"硬度"为 0%，并在"图层 1"图像的左侧进行绘制，将绘制处图像隐藏并添加"外发光"样式，效果如图 9-14 所示。

图 9-13　调整图像大小　　　　　　图 9-14　编辑图层蒙版后的效果

9.2　通道的分类

通道可以分为 5 种类型，分别是 Alpha 通道、颜色通道、复合通道、单色通道和专色通道，下面将简要介绍相关内容。

9.2.1　Alpha 通道

使用 Alpha 通道可以将选区存储为灰度模式的图像。在进行图像编辑时创建的新通道称为

Alpha 通道，Alpha 通道也可以用来创建和存储蒙版，这些蒙版用于处理或保护图像的某些部分。只有以 PSD、PDF、PICT、Pixar、TIFF 或 Raw 格式存储文件时，才会保留 Alpha 通道。

9.2.2 颜色通道

颜色通道主要用于存储图像文件中的颜色数据。在 Photoshop CC 中打开一幅素材图像文件时，系统将自动创建颜色信息通道。图像的颜色模式决定了所创建的颜色通道的数目，例如：RGB 图像有 3 个颜色通道，CMYK 图像有 4 个颜色通道，灰度图像只有 1 个颜色通道，但它们包含了所有的将被打印或显示的颜色。如图 9-15（左）所示为 RGB 图像的颜色通道，如图 9-15（右）所示为 CMYK 图像的颜色通道。

图 9-15　颜色通道

9.2.3 复合通道

复合通道始终以彩色显示，是用于预览并编辑整个图像颜色通道的一个快捷方式（对于 RGB、CMYK 和 Lab 图像），如图 9-16 所示。

RGB 颜色模式　　　　　CMYK 颜色模式　　　　　Lab 颜色模式

图 9-16　复合通道

9.2.4 单色通道

单色通道的产生比较特别，在"通道"调板中随意删除其中一个通道，会发现所有通道都会变成黑白的，原有的彩色通道即使不删除也会变成灰度的，如图 9-17 所示。

图 9-17   单色通道

9.2.5   专色通道

专色通道指定用于专色油墨印刷加印版。专色的特殊预混油墨用于替代或补充印刷色（CMYK）油墨。在印刷时每一种专色都要求有专用的印版（因为油墨要求有单独的印版，故其被认为是一种专色）。如果要印刷带有专色的图像，则需要创建存储这些颜色的专色通道；要想输出专色通道，必须将文件以 PDF 或 DCS2.0 格式存储。

9.3   "通道"调板

"通道"调板用于创建和管理通道。该调板中列出了图像中的所有通道，最先列出的是复合通道（如 RGB、CMYK 和 Lab 格式的图像）。

单击"窗口"|"通道"命令，弹出"通道"调板，如图 9-18 所示。

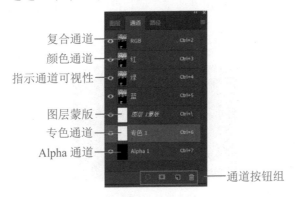

图 9-18   "通道"调板

该调板中各主要选项的含义分别如下：

❋   图层蒙版：如果当前图层中建立了蒙版，"通道"调板中就会显示出该图层的蒙版。

❋   指示通道可视性：单击该图标可以控制通道的显示和隐藏。

❋   将通道作为选区载入：单击该按钮，可以将当前通道中的内容转换为选区；也可以按住鼠标左键将某一个通道拖至此按钮上，以完成转换；还可以按住【Ctrl】键单击该通道缩览图，将选区载入到当前图像中。

    ✳   将选区存储为通道：单击该按钮，可以将图像中的选区转换为蒙版，并保存到新增的 Alpha 通道中。

    ✳   创建新通道：单击该按钮，可以创建一个新的 Alpha 通道，或按住鼠标左键将通道拖到该按钮上，复制该通道。

    ✳   删除当前通道：单击该按钮，可以删除当前通道。

9.4　通道的基本操作

通道的基本操作主要包括创建 Alpha 通道、创建专色通道、分离和合并通道等，下面将分别进行介绍。

9.4.1　创建 Alpha 通道

Alpha 通道除了可以保存颜色信息外，还可以保存选择区域的信息。将选择区域保存为 Alpha 通道时，选择区域将被保存为白色，而非选择区域则被保存为黑色。

📖　新建通道

新建通道的方法有以下 3 种：

    ✳   按钮：单击"通道"调板底部的"创建新通道"按钮，即可创建新通道。

    ✳   调板菜单：单击"通道"调板右上角的调板控制按钮，在弹出的调板菜单中选择"新建通道"选项。

    ✳   快捷键：按住【Alt】键，单击"通道"调板底部的"创建新通道"按钮，将弹出"新建通道"对话框。

使用后面两种操作方法进行操作，都将弹出"新建通道"对话框，如图 9-19 所示。

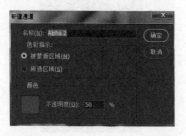

图 9-19　"新建通道"对话框

该对话框中各主要选项的含义如下：

    ✳   名称：在该文本框中可以设置新 Alpha 通道的名称。

    ✳   被蒙版区域：选中该单选按钮，则表示新建通道中有颜色的区域代表蒙版区域，白色区域代表选区。

    ✳   所选区域：选中该单选按钮，则表示新建通道中的白色区域代表蒙版区域，有颜色的区域代表选区。

❋ 颜色：单击该色块，将弹出"选择通道颜色"对话框，从中可以选择用于显示蒙版的颜色（默认情况下该颜色为透明度 50% 的红色），"不透明度"的取值范围为 0%～100%，可设置蒙版颜色的不透明度。

📖 通过保存选区创建 Alpha 通道

单击"选择"|"存储选区"命令，弹出"存储选区"对话框，可以将当前选区保存为 Alpha 通道，如图 9-20 所示。

图 9-20 "存储选区"对话框

该对话框中各主要选项的含义如下：

❋ 文档：单击该下拉列表框，可以从中选取文件名称并将选区保存在该文件中。

❋ 通道：单击该下拉列表框，可以选取一个新通道，或选取保存的文件。

❋ 名称：可以输入新建通道的名称。

❋ 操作：指定在目标图像已包含选区的情况下如何合并选区。

举例说明——苗条的女孩

（1）单击"文件"|"打开"命令，打开一幅人物素材图像，如图 9-21 所示。

（2）选取工具箱中的椭圆选框工具，移动鼠标指针至图像窗口处并拖曳鼠标，创建一个椭圆选区，如图 9-22 所示。

图 9-21 素材图像

图 9-22 创建椭圆选区

（3）按【Shift＋Ctrl＋I】组合键反向选区，单击"选择"|"存储选区"命令，弹出"存储选区"对话框，设置好各参数，如图 9-23 所示。

（4）单击"确定"按钮，即可在"通道"调板中创建新通道，选择区域已保存到新建通道中，白色区域表示选择区域，如图 9-24 所示。

图 9-23 "存储选区"对话框　　　　图 9-24 创建 Alpha1 通道

（5）选取工具箱中的渐变工具，单击工具属性栏中的"点按可编辑渐变"色块，打开"渐变编辑器"窗口，设置渐变矩形条下方 3 个色标的颜色，从左到右分别是黑色（RGB 参数值均为 0）及"位置"为 0%、白色（RGB 参数值均为 255）及"位置"为 58%、黑色（RGB 参数值均为 0）及"位置"为 99%。

（6）移动鼠标指针至图像窗口，按住鼠标左键从左上角拖动到右下角，渐变填充图像，效果如图 9-25 所示。

（7）单击"滤镜"|"像素化"|"彩色半调"命令，弹出"彩色半调"对话框，设置"最大半径"为 4 像素、"通道 1"为 126、"通道 2"为 120、"通道 3"为 50、"通道 4"为 60，单击"确定"按钮，执行"彩色半调"命令，效果如图 9-26 所示。

图 9-25 填充渐变效果　　　　　　图 9-26 彩色半调

（8）按住【Ctrl】键单击"通道"调板中的 Alpha1 通道缩览图，将选择区域载入到图像窗口中，如图 9-27 所示。

（9）单击"编辑"|"描边"命令，弹出"描边"对话框，设置"宽度"值为 1 像素、"颜色"为白色（RGB 参数值均为 255）、"位置"为居中，单击"确定"按钮，为选区描边；按【Ctrl＋D】组合键取消选区，效果如图 9-28 所示。

图 9-27 载入选区　　　　　　　　图 9-28 图像效果

📖 载入选区

在操作过程中，可以将创建的选区保存为 Alpha 通道，同样也可以将通道作为选择区域载入（包括颜色通道与专色通道）。

载入选区有以下 3 种方法：

❋ 按钮：单击"通道"调板底部的"将通道作为选区载入"按钮。

❋ 命令：单击"选择"|"载入选区"命令，弹出"载入选区"对话框，在"通道"下拉列表框中选择所需选区的选项。

❋ 快捷键：按住【Ctrl】键单击"通道"调板中需载入的通道缩览图。

9.4.2 创建专色通道

专色是特殊的预混油墨，与传统的以 CMYK 模式调配出来的颜色不同，在印刷时要求专用的印版。如果将一幅包含专色通道的图像打印输出，该专色通道就会成为一张单独的页面（即单独的胶片）重印在图像上。专色通道具有 Alpha 通道的一切特点，即保存选区及具有透明度信息等。

除了位图模式以外，在所有颜色模式下都可以创建专色通道。专色的输出不受颜色模式的影响，可确保最后的颜色模式及文件以 DCS2.0 格式或 PDF 格式存储，符合印刷要求便可，而不用担心专色通道会跟随颜色模式的变化而变化。

📖 新建专色通道

新建专色通道有以下两种方法：

❋ 按钮：按住【Ctrl】键的同时，单击"通道"调板底部的"创建新通道"按钮。

❋ 调板菜单：单击"通道"调板右上角的调板控制按钮，在弹出的调板菜单中选择"新建专色通道"选项。

使用以上任意一种方法，均可弹出"新建专色通道"对话框，如图 9-29 所示。

图 9-29 "新建专色通道"对话框

该对话框中各主要选项的含义如下：

❋ 名称：用于设置新建专色通道的名称。

❋ 油墨特性选项区：单击"颜色"色块，将弹出"选择专色"对话框，从中可以设置油墨的颜色；在"密度"数值框中输入的数值只会影响屏幕上的图像显示的透明度，对实际的打印输出没有影响，其取值范围为 0%～100%。

在"新建专色通道"对话框中设置好参数后，单击"确定"按钮，即可在"通道"调板中创建专色通道。

📖 **通过选区创建专色通道**

如果已经创建了选区，则在新建专色通道后，系统会自动在选区内填入专色油墨颜色并取消选区。

举例说明——水果天地

（1）单击"文件"|"打开"命令，打开一幅水果素材图像，如图 9-30 所示。

（2）选取工具箱中的魔棒工具，在工具属性栏中单击"添加到选区"按钮，并设置"容差"值为 6，移动鼠标指针至图像窗口中的白色区域处单击鼠标左键，创建选区，如图 9-31 所示。

扫码观看教学视频

图 9-30　素材图像

图 9-31　创建选区

（3）在空白地方单击右键，选择"羽化"对话框，设置"羽化半径"值为 3，单击"确定"按钮，羽化选区；单击"通道"调板右上角的调板控制按钮，在弹出的调板菜单中选择"新建专色通道"选项，弹出"新建专色通道"对话框，如图 9-32 所示。

（4）单击该对话框中的红色色块，弹出"选择专色"对话框，设置"颜色"为青色（RGB 参数值分别为 0、114、255），单击"确定"按钮，可以观察到选择区域的图像已被填充为设置的专色，如图 9-33 所示。此时，"通道"调板中将自动新建"专色 1"通道。

图 9-32　"新建专色通道"对话框

图 9-33　填充专色颜色效果

📖 **将 Alpha 通道转换为专色通道**

双击"通道"调板中的 Alpha 通道缩览图，或者在"通道"调板中选中 Alpha 通道，单击调板右上角的调板控制按钮，从弹出的调板菜单中选择"通道选项"选项，均可弹出"通道选项"对话框，如图 9-34 所示。

图 9-34　"通道选项"对话框

在该对话框中选中"专色"单选按钮，并单击颜色块，在弹出的"选择通道颜色"对话框中设置颜色，然后单击"确定"按钮，返回"通道选项"对话框，在"名称"文本框中输入新名称，并击"确定"按钮，Alpha 通道即转换为专色通道，如图 9-35 所示。

图 9-35　Alpha1 通道转换为"专色 1"通道

9.4.3　编辑专色通道

专色通道创建完成后，可以使用 Photoshop CC 的绘图工具和编辑工具对其进行编辑。

举例说明——时尚生活

（1）单击"文件"|"打开"命令，打开一幅汽车素材图像，如图 9-36 所示。

（2）设置前景色为黑色；选取工具箱中的画笔工具，在工具属性栏中设置画笔的"大小"为 50 像素、"硬度"为 0%。

（3）单击"通道"调板右上角的调板控制按钮，在弹出的调板菜单中选择"新建专色通道"选项，弹出"新建专色通道"对话框，设置"颜色"为黑色，单击"确定"按钮，新建专色通道，移动鼠标指针至图像窗口中，按住鼠标左键并拖动，效果如图 9-37 所示。

图 9-36　素材图像　　　　　　图 9-37　创建"新建专色通道"并绘制前景色

（4）按【X】键，切换前景色为白色、背景色为黑色；使用同样的操作方法，使用画笔工具在图像窗口进行涂抹，此时，"通道"调板中的专色通道和图像效果如图 9-38 所示。

图 9-38　创建"新建专色通道"与涂抹后的"专色 1"通道

9.4.4　复制通道

如果要在图像之间复制 Alpha 通道，则通道必须具有相同的像素尺寸。不能将通道复制到位图模式的图像中。

复制通道有以下两种方法：

＊　快捷菜单：在"通道"调板中选择需要复制的通道，并单击鼠标右键，在弹出的快捷菜单中选择"复制通道"选项。

＊　调板菜单：选中需要复制的通道，单击"通道"调板右上角的调板控制按钮，弹出调板菜单，选择"复制通道"选项。

使用以上任意一种方法，均可弹出"复制通道"对话框。如图 9-39 所示：

图 9-39　"复制通道"对话框

该对话框中各主要选项的含义如下：

＊　为：用于设置通道副本的名称。

＊　文档：在该下拉列表框中可以选择复制通道的目标图像。

＊　名称：在"文档"下拉列表框中选择"新建"选项，才能激活名称文本框。

＊　反相：选中该复选框，相当于单击"图像"|"调整"|"反向"命令，通道副本颜色将以反相显示。

9.4.5　删除通道

在存储图像之前，删除不再需要的通道，可以减小存储图像所需的磁盘空间。

删除通道有以下 3 种方法：

✤ 按钮：在"通道"调板中，将要删除的通道直接拖动到调板底部的"删除当前通道"按钮上，即可删除通道。

✤ 调板菜单：单击"通道"调板右上角的调板控制按钮，在弹出的调板菜单中选择"删除通道"选项，即可删除通道。

✤ 快捷键：按住【Alt】键单击"通道"调板底部的"删除通道"按钮。

9.4.6　分离和合并通道

在 Photoshop CC 中，若一幅图像包含的通道太多，就会导致文件太大而无法保存，此时，最好将通道拆分为多个独立的图像文件后分别保存，这就要用到分离通道等操作，下面将详细介绍。

📖 分离通道

分离通道只能分离拼合图像的通道。在不能保留通道的文件中保留单个通道信息，分离通道功能非常有用。分离通道后源文件被关闭，单个通道将出现在单独的灰度图像窗口中，可以分别存储和编辑新图像。

单击"通道"调板右上角的调板控制按钮，在弹出的调板菜单中选择"分离通道"选项，可以将图像中的各个通道分离成单独的灰度图像文件，例如，一幅 RGB 模式的图像进行通道分离后的结果如图 9-40 所示。

图 9-40　分离通道后的图像

📖 合并通道

可以将多个灰度图像合并为一个图像通道。欲合并的图像必须在灰度模式下，且具有相同的像素尺寸并处于打开状态。已打开的灰度图像的数量决定了合并通道时可用的颜色模式，例如：打开了 3 幅图像，可以将它们合并为一幅 RGB 图像；如果打开了 4 幅图像，则可将它们合并为一个 CMYK 图像。

单击"通道"调板右上角的调板控制按钮，在弹出的调板菜单中选择"合并通道"选项，弹出"合并通道"对话框，如图 9-41 所示。

图 9-41　"合并通道"对话框

在对话框中完成相关的设置后单击"确定"按钮，进入"合并多通道"对话框，单击"确定"按钮即可合并通道，如图 9-42 所示。

选中的通道被合并为指定类型的新图像，原图像在不做任何更改的情况下自动关闭，新图像则出现在未命名的窗口中，如图 9-43 所示。

图 9-42 "合并多通道"对话框

图 9-43 合并多通道的图像效果

"通道"调板的调板菜单中还有一个"合并专色通道"选项，当在图像中建立了专色通道后，选择该选项即可将专色通道合并到每一个颜色分量通道中。

9.5 通道应用与计算

在 Photoshop CC 中，应用"应用图像"和"计算"命令可以对一个通道中的像素值与另一个通道中相应的像素值进行相加、相减和相乘等操作。

当 Photoshop CC 执行图像应用或者图像运算时，会对每个通道中的相应像素进行计算以混合通道，例如：当 Photoshop CC 执行"差值"命令时，其会减去相应的像素值，即第 1 个通道中第 1 行的第 1 个像素值减去第 2 个通道中第 1 行的第 1 个像素值，第 1 个通道中第 1 行的第 2 个像素值减去第 2 个通道中第 1 行的第 2 个像素值，依此类推。

像素的取值范围为 0～255，其中 0 代表最暗的值，而 255 代表白色。因此，当像素值增加时，图像变亮；像素值减小时，图像变暗。

因为"应用图像"命令是基于像素对像素的方式来处理通道的，所以只有图像的长和宽（以像素为单位）都分别相等时才能执行该命令。

9.5.1 应用图像

运用"应用图像"命令可以在源文件的图像中选取一个或多个通道进行运算，将运算结果放到目标图像中，会产生许多合成效果。

单击"图像"|"应用图像"命令，弹出"应用图像"对话框，如图 9-44 所示。

图 9-44 "应用图像"对话框

该对话框中各主要选项的含义如下：

❈ 源：从中选择一幅源图像与当前活动图像相混合。其下拉列表框中将列出 Photoshop 当前打开的图像，该项的默认设置为当前的活动图像。

❈ 混合：该下拉列表框中包含用于设置图像的混合模式。

❈ 不透明度：设置运算结果对源文件的影响程度与"图层"调板中的不透明度作用相同。

❈ 保留透明区域：该复选框用于设置保留透明区域，选中后只对非透明区域进行合并，若在当前活动图像中选择了背景图层，则该选项不可用。

❈ 蒙版：选中该复选框，其下方的 3 个列表框和"反相"复选框处于可用状态，从中可以选择一个"通道"和"图层"作为蒙版来混合图像。

举例说明——帅气的男孩

（1）单击"文件"|"打开"命令，打开一幅广告素材图像和人物素材图像，如图 9-45 所示。

图 9-45　素材图像

（2）确认广告素材图像为当前窗口，单击"图像"|"应用图像"命令，弹出"应用图像"对话框，并设置各参数，如图 9-46 所示。

（3）单击"确定"按钮，即可得到合成图像，如图 9-47 所示。

图 9-46　"应用图像"对话框　　　　　　　　　图 9-47　合成后的图像效果

9.5.2 通道计算

使用"计算"命令可以混合两个来自一个或多个源图像的单个通道，然后可将结果应用到新图像的新通道或现有图像的选区中。复合通道不能应用"计算"命令。

执行"计算"命令时，要先在两个通道的相应像素上执行数字运算（这些像素在图像上的位置相同），然后在单个通道中组合运算结果。

通道中的每个像素都有一个亮度值，可使用"计算"和"应用图像"命令来处理这些数值以生成最终的复合像素，这些命令会叠加两个或更多个通道的像素尺寸。

举例说明——剑侠情缘

（1）单击"文件"|"打开"命令，打开 3 幅素材图像，如图 9-48 所示。

背景素材　　　　　　　　　　人物素材　　　　　　　　　　龙素材

图 9-48　素材图像

（2）确认背景素材为当前工作图像，单击"图像"|"计算"命令，弹出"计算"对话框，并设置好各参数，如图 9-49 所示。

（3）单击"确定"按钮，合成后的图像效果如图 9-50 所示。

图 9-49　"计算"对话框　　　　　　　　　图 9-50　合成后的图像效果

该对话框中各主要选项的含义如下：

❉　源 1：用于选择要计算的第 1 个源图像。

❉　图层：用于选择使用图像的图层。

❉　通道：用于选择进行计算的通道名称。

❊ 源 2：用于选择进行计算的第 2 个源图像。

❊ 混合：用于选择两个通道进行计算时所应用的混合模式，并设置"不透明度"值。

❊ 蒙版：选中该复选框，可以通过蒙版应用混合效果。

❊ 结果：用于选择计算后通道的显示方式。若选择"新文档"选项，将生成一个仅有一个通道的多通道模式图像；若选择"新建通道"选项，将在当前图像文件中生成一个新通道；若选择"选区"选项，则生成一个选区。

习　题

一、填空题

1．通道可以分为 5 种类型，分别是_____、_____、_____、单色通道和_____。

2．_____通道除了可以保存颜色信息外，还可以保存选择区域的信息。将选择区域保存为 Alpha 通道时，选择区域将被保存为_____，而非选择区域则被保存为_____。

3．运用"_____"命令可以在源文件的图像中选取一个或多个通道进行运算，将运算结果放到目标图像中，会产生多种合成效果。

二、简答题

1．创建图层蒙版有哪几种方法？

2．新建通道有哪几种方法？

3．如何分离和合并通道？

三、上机操作

使用快速蒙版制作如图 9-51 所示的散点相框效果。

图 9-51　散点相框效果

关键提示：

（1）打开一幅人物照片图像；单击工具箱中的"以快速蒙版模式编辑"按钮，进入快速蒙版编辑模式；按【Ctrl＋A】组合键，全选图像；单击"编辑"|"描边"命令，在弹出

的"描边"对话框中设置"描边"的"颜色"为白色、"宽度"为 50 像素、"位置"为内部，单击"确定"按钮，描边选区，在图像周围添加一圈红色半透明的"膜"。

（2）单击"滤镜"|"模糊"|"高斯模糊"命令，弹出"高斯模糊"对话框，设置"半径"为 15 像素，单击"确定"按钮模糊图像；单击"滤镜"|"像素化"|"彩色半调"命令，弹出"彩色半调"对话框，设置"最大半径"为 6、"通道 1"为 108、"通道 2"为 162、"通道 3"为 90、"通道 4"为 45，单击"确定"按钮，执行"彩色半调"命令。

（3）单击工具箱中的"以标准模式编辑"按钮，返回到正常编辑状态；按【Shift＋Ctrl＋I】组合键反选选区。设置前景色为洋红色（RGB 参数值分别为 228、0、127），按【Alt＋Delete】组合键，填充选区，并按【Ctrl＋D】组合键，取消选区。

第 10 章　神奇滤镜

■本章概述

　　本章主要介绍滤镜的基础知识，以及如何使用 Photoshop CC 中的特殊、像素、扭曲、杂色、模糊、风格化和渲染等滤镜，为图像应用这些特殊效果，可以提高图像的可视性，从而使作品更加动感、绚丽。

■方法集锦

滤镜使用 5 点技巧	预览区 4 种技法	液化滤镜 2 种方法
图案生成器滤镜 2 种方法	消失点滤镜 2 种方法	

10.1　滤镜的基础知识

　　使用不同的 Photoshop CC 滤镜会产生不同的图像效果。一些滤镜的工作方式是分析图像或选区中的每个像素，用数学算法对其进行转换，生成随机或预先定义的形状；有些滤镜则先对单一像素或像素组取样，确定在显示颜色或亮度方面差异最大的区域，然后改变该区域的像素值，有时用相邻像素的颜色取代该像素的颜色，有时用周围像素的平均颜色取代该像素的颜色。

10.1.1　滤镜的使用

　　对于初学者来说，要想用好滤镜，除了需要掌握滤镜的使用规则外，还需要在实践中不断去体验每个滤镜的作用，以便将其合理地应用到图像中，下面将介绍一些滤镜的使用技巧。

　　📖 使用技巧

　　滤镜的功能是非常强大的，在应用滤镜之前，需要掌握如下 5 点使用技巧：

　　✳　在图像的部分区域应用滤镜时，可对选区进行羽化操作，这样在使用滤镜命令后，该区域的图像与其他图像部分能够较好地融合在一起。

　　✳　在工具箱中设置前景色和背景色时，一般不会对滤镜命令的使用产生作用，不过对有些滤镜是例外的，因为它们创建的效果是通过使用前景色和背景色来设置的，在应用这些滤镜之前，需要先设置好当前的前景色和背景色。

　　✳　用户可以对单独的特定图层应用滤镜，然后通过色彩混合合成图像。

　　✳　用户可以对单一色彩通道或 Alpha 通道应用滤镜，然后生成图像，或者将 Alpha 通道中的滤镜效果应用于主图像画面中。

❋　如果用户对滤镜的操作不是很熟悉，可以先将滤镜的参数设置得小一些，然后按【Ctrl+F】组合键多次应用滤镜效果，直至达到满意的效果。

📖　使用快捷键

在应用滤镜的过程中，用户可以使用一些快捷键来让自己的操作更加方便和快捷，下面将分别讲解快捷键的使用方法。

❋　按【Esc】键，可以取消当前正在操作的滤镜。

❋　按【Ctrl＋Z】组合键，可以还原滤镜操作执行前的图像。

❋　按【Ctrl＋F】组合键，可以再次应用滤镜。

❋　按【Ctrl＋Alt＋F】组合键，可以将前一次应用的滤镜的对话框显示出来。

10.1.2　滤镜库

单击"滤镜"|"滤镜库"命令，弹出滤镜库对话框，如图 10-1 所示。

扫码观看本节视频

滤镜选择区

预览区

显示比例
调整区

参数设置区

滤镜控制区

图 10-1　滤镜库对话框

从"滤镜库"对话框中可以看出，滤镜库只是将众多的（并不是所有的）滤镜集合至该对话框中，通过打开某一个滤镜序列并单击相应命令的缩览图，即可对当前图像应用相应滤镜，应用滤镜后的效果将显示在左侧的预览区中。

下面介绍"滤镜库"对话框中各个区域的作用。

📖　滤镜选择区

该区域中显示已经被集成的滤镜，单击各滤镜序列的名称即可将其展开，并显示该序列中包含的滤镜命令，单击相应命令的缩览图即可应用该滤镜。

单击滤镜选择区右上角的按钮，可以隐藏该区域，以扩大预览区，从而更加明确地观看应用滤镜后的效果；再次单击该按钮，可重新显示滤镜选择区。

📖　预览区

在该区域中显示由当前滤镜命令处理的图像效果。下面将介绍预览区中的 4 种操作技法：

❀　在该区域中，鼠标指针会自动呈抓手工具形状，此时拖曳鼠标，可以查看图像其他部分应用滤镜命令后的效果。

❀　按住【Ctrl】键，抓手工具切换为放大工具，此时在预览区中单击鼠标左键，即可放大当前效果的显示比例。

❀　按住【Alt】键，抓手工具切换为缩小工具，此时在预览区中单击鼠标左键，即可缩小当前效果的显示比例。

❀　按住【Ctrl】键，"取消"按钮切换为"默认"按钮；按住【Alt】键，"取消"按钮切换为"复位"按钮。无论单击"默认"按钮还是单击"复位"按钮，滤镜库对话框都会转换为弹出时的状态。

📖　显示比例调整区

在该区域中可以调整预览区中图像的显示比例。

📖　参数调整区

在该区域中，可以设置当前已选命令的参数。

📖　滤镜控制区

这是滤镜库的一大亮点，正是由于该区域所支持的功能，才使得用户可以在该对话框中对图像同时应用多个滤镜命令，并将所添加的命令效果叠加起来，而且还可以像在"图层"调板中修改图层的顺序那样调整各个滤镜层的顺序。

10.2　特殊滤镜

特殊滤镜是相对众多滤镜组中的滤镜而言的，它们相对独立，且功能强大，使用频率较高。本节介绍3种特殊滤镜："液化"滤镜、"图案生成器"滤镜和"消失点"滤镜。

10.2.1　液化滤镜

"液化"滤镜可用于推、拉、旋转、反射、折叠和膨胀图像的任意区域，创建的扭曲图像可以是细微的也可以是剧烈的，因而"液化"命令就成为了修饰图像和创建艺术效果强有力的工具。

"液化"滤镜的使用方法有以下两种：

❀　命令：单击"滤镜"|"液化"命令。

❀　快捷键：按【Ctrl＋Shift＋X】组合键。

举例说明——翱翔的海鸥

（1）单击"文件"|"打开"命令，打开一幅海鸥素材图像，如图10-2所示。

（2）单击"滤镜"|"液化"命令，弹出"液化"对话框，如图10-3所示。

图 10-2 素材图像　　　　　　　　　　　　　图 10-3 "液化"对话框

（3）单击对话框左侧的湍流工具，将画笔适当调大，在打开的海鸥素材图像的左侧翅膀图像处拖曳鼠标，进行边缘涂抹，如图 10-4 所示。

（4）参照上述的操作，对素材图像的左侧翅膀图像进行涂抹，单击"确定"按钮，效果如图 10-5 所示。

图 10-4　涂抹左侧边缘的效果　　　　　　　图 10-5　图像效果

该对话框中各主要选项的含义如下：

❋　向前变形工具　：使用该工具，可以通过拖曳鼠标来改变图像像素。

❋　重建工具　：可以完全或部分地恢复更改的图像。

❋　顺时针旋转扭曲工具　：使用该工具可以旋转画笔区域的像素，产生顺时针旋转效果。若按住【Alt】键拖曳鼠标，可逆时针旋转扭曲像素。

❋　褶皱工具　：使用该工具在图像上拖曳鼠标时，可以使图像像素向画笔区域的中心移动。

❋　膨胀工具　：使用该工具在图像上拖曳鼠标时，可以将图像像素朝着离开画笔区域中心的方向移动。

❋　左推工具　：使用该工具在图像上拖曳鼠标时，可以移动图像。

❋　冻结蒙版工具　：在需要保护的区域处拖曳鼠标，即可冻结区域。

❋　解冻蒙版工具　：在需要解除保护的区域处拖曳鼠标，即可解冻区域。

❋　画笔大小：用于设置使用上述各工具时，图像受影响区域的大小，数值越大，则图像受画笔操作影响的区域越大；反之则越小，其取值范围为 1～600。

❋　重建选项：在该选项区的"模式"下拉列表框中选择一种模式，并单击"重建"按钮，可使图像以该模式动态向原图像效果恢复。在动态恢复过程中，按空格键可以终止恢复进程，从而中断并截获恢复过程中的某个图像状态。

※ 显示图像：选中该复选框，该对话框预览区中将显示操作的图像。

10.2.2 消失点滤镜

"消失点"滤镜允许用户在包含透视平面（如建筑物侧面或任何矩形对象）的图像中进行透视校正编辑。通过使用"消失点"滤镜，可以在图像中指定平面，然后应用诸如绘画、仿制、拷贝、粘贴及变换等编辑操作，所有编辑操作都将采用用户所处理平面的透视。

使用"消失点"滤镜，用户将以立体方式在图像中的透视平面上工作。当使用"消失点"滤镜来修饰、添加或移去图像中的内容时，效果将更加逼真，因为系统可以确定这些编辑操作的方向，并且将它们缩放到透视平面中。

"消失点"滤镜的使用方法有以下两种：

※ 命令：单击"滤镜"|"消失点"命令。

※ 快捷键：按【Alt＋Ctrl＋V】组合键。

举例说明——一片完整西瓜

（1）单击"文件"|"打开"命令，打开一幅西瓜素材图像，如图10-6所示。

扫码观看教学视频

图10-6 素材图像

（2）单击"滤镜"|"消失点"命令，弹出"消失点"对话框，如图10-7所示。

图10-7 "消失点"对话框

该对话框中各主要选项的含义如下：

❋　编辑平面工具 ：使用该工具可以选择编辑、移动透视网格并调整其大小。

❋　创建平面工具 ：定义透视网格 4 个角的节点，同时调整透视网格的大小和形状。按住【Alt】键拖动某个节点，可以拉出一个垂直平面。

❋　选框工具 ：建立方形或矩形选区。在预览图像中拖曳鼠标可以创建选区，按住【Alt】键拖曳选区，即可复制一个副本选区；按住【Ctrl】键拖曳选区，可使用原图像填充选区。

❋　图章工具 ：使用该工具可在图像预览区域创建取样点，按住【Alt】键的同时在图像预览窗口中单击鼠标左键，即可创建一个取样点，然后在图像中拖曳鼠标进行绘画。

❋　画笔工具 ：该工具用于在图像上绘制选定的颜色。

❋　变换工具 ：该工具用于移动变换定界框的控制柄来缩放、旋转和移动浮动选区，类似于在矩形选区上使用"自动变换"命令。

❋　吸管工具 ：该工具在单击预览图像时，可以吸取一种用于绘画的颜色，单击"画笔颜色"色块可弹出"拾色器"对话框。

❋　缩放工具 ：在使用该工具用于预览窗口中放大图像的显示比例，在预览窗口中按住鼠标左键并拖动，可以放大图像。

❋　抓手工具 ：用于移动图像预览图。

（3）按【Ctrl＋＋】组合键，放大图像，然后单击创建平面工具，在图像缩览图中依次单击鼠标左键绘制合闭网格，如图 10-8 所示。

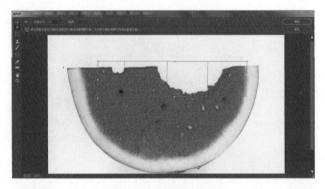

图 10-8　绘制闭合网格

（4）单击选框工具，在绘制的透视网格内双击鼠标左键，以透视网格的边缘为依据创建选区，如图 10-9 所示。

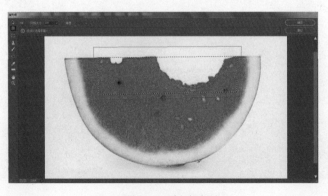

图 10-9　创建选区

（5）单击图章工具，在选区内按住【Alt】键，单击鼠标左键，确定取样点，然后在需要修复的图像区域处按住鼠标左键并拖动，效果如图 10-10 所示。

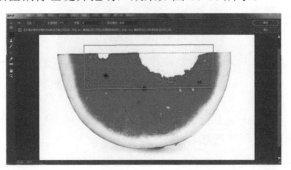

图 10-10　取样修复

（6）单击"确定"按钮，执行"消失点"滤镜，图像效果如图 10-11 所示。

图 10-11　"消失点"滤镜的效果

10.3　像素化滤镜

"像素化"滤镜组主要是使单元格中相近颜色值的像素结成块，以重新定义图像或选区，从而产生晶格状、点状及马赛克等特殊效果。

📖 "彩块化"滤镜

"彩块化"滤镜可使纯色或相近的像素结成相近颜色的像素块，使用该滤镜可以使扫描的图像看起来像手绘图像，或者使现实主义的图像类似抽象派绘画。

📖 "彩色半调"滤镜

该滤镜是在图像的每个通道上使用放大的半调网屏效果。对于每个通道，该滤镜均将图像划分为矩形，并用圆形替换每个矩形。圆形的大小与矩形的亮度成比例。

单击"滤镜"|"像素化"|"彩色半调"命令，弹出"彩色半调"对话框，如图 10-12所示。

图 10-12 "彩色半调"对话框

该对话框中的"最大半径"数值框是为半调网点最大半径输入一个以像素为单位的值，其取值范围为 4～127。"网角"选区用于指定网点与实际水平线的夹角，可以为一个或多个通道输入网角值，对于灰度图像只使用"通道 1"；对于 RGB 图像，则使用"通道 1"、"通道 2"和"通道 3"，分别对应红色、绿色和蓝色通道；对于 CMYK 图像，4 个通道均可使用，分别对应青色、洋红、黄色和黑色通道。

📖 "晶格化"滤镜

"晶格化"滤镜可以使像素以结块形式显示，形成多边形纯色色块。单击"滤镜"|"像素化"|"晶格化"命令，弹出"晶格化"对话框，如图 10-13 所示。

该对话框中只有一个"单元格大小"参数，其取值范围为 3%～300%，用于控制最后生成的色块大小。如图 10-14 所示为执行"晶格化"滤镜前后的效果。

图 10-13 "晶格化"对话框

图 10-14 执行"晶格化"滤镜前后的效果

📖 "点状化"滤镜

"点状化"滤镜可将图像中的颜色分解为随机分布的网点，如同点状绘画一样，并使用背景色作为网点之间的画布区域，以产生点画的效果。

📖 "碎片"滤镜

"碎片"滤镜可以将图像中的像素复制并进行平移，使图像产生一种不聚集的模糊效果。

📖 "铜板雕刻"滤镜

"铜板雕刻"滤镜可以将图像转换为黑白区域的随机图案或彩色图像中完全饱和颜色的随机图案。

📖 "马赛克"滤镜

"马赛克"滤镜可以使像素结为方块。给定块中的像素颜色相同，块颜色代表选区中的颜色。其对话框如图 10-15 所示，在该对话框中，"单元格大小"值决定每个"马赛克"的大小。如图 10-16 所示为执行"马赛克"滤镜后的效果。

图 10-15 "马赛克"对话框　　　　　图 10-16　执行"马赛克"滤镜后的效果

10.4　扭曲滤镜

"扭曲"滤镜组主要是对图像进行几何扭曲、创建 3D 或其他图形效果。该滤镜组包括 13 种滤镜。

📖 "波浪"滤镜

"波浪"滤镜可以使图像生成强烈的波纹效果，与"水波"滤镜不同的是，使用"波浪"滤镜可以对波长及振幅进行控制。

📖 "波纹"滤镜

"波纹"滤镜可以通过将图像像素移位进行图像变换，或者对波纹的数量和大小进行控制，从而生成波纹效果。

执行"波纹"滤镜前后的效果如图 10-17 所示。

图 10-17　执行"波纹"滤镜前后的效果

📖 "玻璃"滤镜

使用"玻璃"滤镜可以使图像看起来像透过不同类型的玻璃看到的效果。
执行"玻璃"滤镜前后的效果如图 10-18 所示。

图 10-18　执行"玻璃"滤镜前后的效果

📖　**"海洋波纹"滤镜**

"海洋波纹"滤镜可以将随机分隔的波纹添加到图像表面，使图像看上去像在水中一样。

📖　**"极坐标"滤镜**

"极坐标"滤镜可以将选择的选区从平面坐标转换为极坐标，或将选区从极坐标转换为平面坐标，从而产生扭曲变形的图像效果。

📖　**"挤压"滤镜**

"挤压"滤镜可以挤压选区内的图像，从而使图像产生凸起或凹陷的效果。

📖　**"镜头校正"滤镜**

"镜头校正"滤镜可以修复常见的镜头瑕疵，如桶形和枕形失真、晕影和色差等。

桶形失真是一种镜头缺陷，它会导致直线向外弯曲到图像的外缘；枕形失真的效果相反，直线会向内弯曲；晕影一般指图像的边缘比较明显的深色区域；色差显示为对象边缘的一圈色边，它是由于镜头对不同平面中不同颜色的光进行对焦而形成的。

单击"滤镜"|"镜头校正"命令，弹出"镜头校正"对话框，如图 10-19 所示。

图 10-19　"镜头校正"对话框

该对话框中各主要选项的含义如下：

✳　**移去扭曲**：用于校正桶形或枕形失真，移动滑块可以拉直从图像中心向外弯曲或向图像中心弯曲的水平和垂直线条，或者选择移去扭曲工具来进行校正。向图像的中心拖曳，可校正枕形失真；向图像的边缘拖曳，可以校正桶形失真。

✳　**色差**：校正色边。

❋ 数量：用于加深或减淡图像的边界，滑块在中间，便不会看到滤镜产生的晕影效果，将滑块向有晕影效果处进行反向拖曳，即消除晕影。

❋ 垂直透视：校正由于相机向上或向下倾斜而导致的图像透视，或者使图像中的垂直线平行。

❋ 水平透视：用于校正图像透视，并使水平线平行。

❋ 角度：用于旋转图像以校正针对相机的歪斜，或在校正透视后进行调整，也可以选择拉直工具来进行校正。

❋ 边缘：指定如何处理由于枕形失真、旋转或透视校正而产生的空白区域，也可以在空白区域中保持透明或使用某种颜色填充空白区域和扩展图像的边缘像素。

❋ 比例：用于调整图像缩放比例，主要用途是移去由于枕形失真、旋转或透视校正而产生的图像空白区域，放大将导致裁剪图像。

执行"镜头校正"滤镜前后的效果如图 10-20 所示。

图 10-20 执行"镜头校正"滤镜前后的效果

📖 "扩散亮光"滤镜

"扩散亮光"滤镜根据工具箱中的背景色对图像进行渲染。

📖 "切变"滤镜

"切变"滤镜可以通过调整曲线框中的曲线条来扭曲图像。

单击"滤镜"|"扭曲"|"切变"命令，弹出"切变"对话框，如图 10-21 所示。

图 10-21 "切变"对话框

在该对话框中选中"折回"单选按钮，Photoshop CC 将使用图像中的边缘填充未定义的空白区域；若选中"重复边缘像素"单选按钮，则按指定的方向扩充图像的边缘像素。

📖 "水波"滤镜

"水波"滤镜可以使图像生成类似池塘波纹和旋转的效果，该滤镜适用于制作同心圆类的波纹效果。

执行"水波"滤镜前后的效果如图 10-22 所示。

图 10-22　执行"水波"滤镜前后的效果

📖 "旋转扭曲"滤镜

使用"旋转扭曲"滤镜可旋转选区内的图像，其中心的旋转程度比边缘的旋转程度大，指定角度时可以生成旋转预览。

📖 "球面化"滤镜

"球面化"滤镜可以在图像的中心产生球形凸起或凹陷的效果，以适合选中的曲线，使对象具有 3D 效果。

📖 "置换"滤镜

"置换"滤镜可以用一张 PSD 格式的图像作为位移图像，当前操作的图像可根据位移图像产生弯曲效果。

10.5　杂色滤镜

"杂色"滤镜组提供了 5 种滤镜，即减少杂色、蒙尘与划痕、去斑、添加杂色和中间值。

📖 "减少杂色"滤镜

"减少杂色"滤镜可以减少在弱光或高 ISO 值情况下拍摄的照片中的粒状噪点，以及移除 JPEG 格式的图像压缩时产生的噪点。使用该滤镜后，将影响用户所设置的整个图像和各个通道，在保留边缘的同时会减少杂色。

📖 "蒙尘与划痕"滤镜

"蒙尘与划痕"滤镜可以通过更改图像中相异的像素来减少杂色。为了在锐化图像和隐藏瑕疵之间取得平衡，用户可以尝试对"半径"与"阈值"选项匹配各种组合设置，或者对图像的选区应用该滤镜。

📖 "去斑"滤镜

"去斑"滤镜用于检测图像的边缘（有颜色变化的区域），模糊并去除边缘外的所有选区。使用该滤镜可以去除图像中的杂色，同时保留原图像的细节。

📖 "添加杂色"滤镜

"添加杂色"滤镜可在图像中应用随机图像像素产生颗粒状效果。

单击"滤镜"|"杂色"|"添加杂色"命令，弹出"添加杂色"对话框，如图10-23所示。

图 10-23 "添加杂色"对话框

该对话框中的"数量"数值框用于设置在图像中添加杂色的数量；选中"平均分布"单选按扭，将会使用随机数值（0加上或减去指定数值）分布杂色的颜色值以获得细微的效果；选中"高斯分布"单选按钮，将会沿一条曲线分布杂色的颜色以获得斑点效果；选中"单色"复选框，滤镜将仅应用图像中的色调元素，不添加其他的彩色。

执行"添加杂色"滤镜前后的效果，如图10-24所示。

图 10-24 执行"添加杂色"滤镜前后的效果

📖 "中间值"滤镜

"中间值"滤镜可以通过混合选区中像素的亮度来减少图像的杂色。该滤镜通过搜索像素选区的半径范围来查找亮度相近的像素，清除与相邻像素差异太大的像素，并将搜索到的像素的中间亮度值替换为中心像素。"中间值"滤镜在消除或减少图像的动感效果中非常有用。

10.6　模糊滤镜

使用"模糊"滤镜组中的滤镜可以柔化选区或整个图像，以产生平滑过渡的效果。该滤镜组也可以去除图像中的杂色使图像显得柔和。"模糊"滤镜组包括 11 种滤镜，其中一些滤镜可以起到修饰图像的作用，另外一些滤镜可以为图像增加动感效果。

📖　"表面模糊"滤镜

"表面模糊"滤镜在保留边缘的同时模糊图像。该滤镜可用于创建特殊效果并消除杂色或颗粒。

📖　"动感模糊"滤镜

使用"动感模糊"滤镜可以模拟拍摄运动物体时产生的动感模糊效果。

单击"滤镜"|"模糊"|"动感模糊"命令，弹出"动感模糊"对话框，如图 10-25 所示。

图 10-25　"动感模糊"对话框

该对话框中的"角度"选项可用于设置动感模糊的方向；"距离"选项可以控制动感模糊的强度，数值越大，模糊效果就越强烈。

执行"动感模糊"滤镜前后的效果如图 10-26 所示。

图 10-26　执行"动感模糊"滤镜前后的效果

📖 "方框模糊" 滤镜

"方框模糊" 滤镜基于相邻像素的平均颜色值来模糊图像。该滤镜用于创建特殊效果，可以调整用于计算给定像素的平均值的区域大小，半径越大，产生的模糊效果越明显。

📖 "高斯模糊" 滤镜

"高斯模糊" 滤镜可以通过控制模糊半径对图像进行模糊效果处理。该滤镜可用来添加低频细节，并产生一种朦胧效果。

执行 "高斯模糊" 滤镜前后的效果如图 10-27 所示。

图 10-27　执行 "高斯模糊" 滤镜前后的效果

📖 "模糊" 滤镜与 "进一步模糊" 滤镜

这两种滤镜均可在图像中有显著颜色变化的地方消除杂色，从而产生轻微的模糊效果。"模糊" 滤镜可以通过平衡已定义的线条和遮蔽区域清晰边缘旁边的像素，使得图像中的颜色变化显得更柔和；应用 "进一步模糊" 滤镜生成的效果比应用 "模糊" 滤镜的效果要强 3～4 倍。

📖 "径向模糊" 滤镜

"径向模糊" 滤镜可以生成旋转模糊或从中心向外辐射的模糊效果。
执行 "径向模糊" 滤镜前后的效果如图 10-28 所示。

图 10-28　执行 "径向模糊" 滤镜前后的效果

📖 "镜头模糊" 滤镜

"镜头模糊" 滤镜可以使图像产生更窄的景深效果，使图像中的一些对象在焦点内，而使另一些区域变得模糊。

📖 "平均"滤镜

"平均"滤镜可以找出图像或选区的平均颜色，然后用该颜色填充图像或选区，创建平滑的外观。

📖 "特殊模糊"滤镜

"特殊模糊"滤镜可以精确地模糊图像。

📖 "形状模糊"滤镜

"形状模糊"滤镜是使用指定的形状来创建模糊。

10.7 风格化滤镜

扫码观看本节视频

"风格化"滤镜组中的滤镜是通过置换像素和查找并增加图像的对比度，在选区中生成绘画或印象派的效果。其中包括查找边缘、风、浮雕效果、扩散、拼贴和凸出等滤镜。

📖 "查找边缘"滤镜

"查找边缘"滤镜用显著的转换标识图像的区域，并突出边缘。

📖 "等高线"滤镜

"等高线"滤镜可以在画面中每个通道亮区和暗区边缘位置勾画轮廓线，产生 RGB 颜色的线条。

📖 "风"滤镜

"风"滤镜可为图像增加一些短水平线，以生成风吹的效果，单击"滤镜"|"风格化"|"风"命令，弹出"风"对话框，如图 10-29 所示。

图 10-29 "风"对话框

该对话框中的"方法"选项区用于设置起风的方式,包括"风"、"大风"和"飓风"3种;"方向"选项区用于确定风吹的方向,包括"从左"和"从右"两个方向。

执行"风"滤镜前后的效果如图10-30所示。

图10-30 执行"风"滤镜前后的效果

📖 "浮雕效果"滤镜

"浮雕效果"滤镜通过将选区的填充色转换为灰色,并用原填充色描边,使选区显示凸起或凹陷效果。

📖 "扩散"滤镜

"扩散"滤镜使像素按规定的方式随机移动,形成一种透过磨砂玻璃观察图像的分离模糊效果。

📖 "拼贴"滤镜

"拼贴"滤镜可以将图像分解为一系列拼贴,使选区偏离其原来的位置。单击"滤镜"|"风格化"|"拼贴"命令,弹出"拼贴"对话框,如图10-31所示。

图10-31 "拼贴"对话框

该对话框中的"拼贴数"文本框用于设置图像高度方向上分割块的数量;"最大位移"文本框用于设置生成方块偏移的距离;"填充空白区域用"选项区可用于选择如何填充拼贴之间的区域,即选中"背景色"、"前景颜色"、"反向图像"或"未改变的图像"单选按钮,可使拼贴的图像效果位于原图像之上,并露出原图像中位于拼贴边缘下面的部分。如图10-32所示为执行"拼贴"滤镜前后的效果。

图 10-32　执行"拼贴"滤镜前后的效果

　　📖　"曝光过度"滤镜

　　"曝光过度"滤镜可以使图像产生正片与负片混合的效果，类似于电影制作过程中将摄影照片短暂曝光。

　　📖　"凸出"滤镜

　　"凸出"滤镜可以根据对话框内的选项设置，将图像转化为一系列三维块或锥体，可用于扭曲图像或创建特殊的三维背景。

　　执行"凸出"滤镜中块和金字塔的效果，如图 10-33 所示。

图 10-33　原图与执行"凸出"滤镜的块和金字塔效果

　　📖　"油画"滤镜

　　"油画"滤镜将照片转换为具有经典油画视觉效果的图像，借助几个简单滑块，您可以调整描边样式的数量、画笔比例、描边清洁度和其他参数。

10.8　渲染滤镜

　　使用"渲染"滤镜可以在图像中创建 3D 形状、云彩图案、折射图案和模拟光反射效果，或从灰度文件创建纹理填充以产生类似 3D 的光照效果。

📖 "分层云彩"滤镜

"分层云彩"滤镜使用介于前景色与背景色之间的颜色值随机生成云彩图案。使用"分层云彩"滤镜时，图像中某些部分会被反相为云彩图案。

📖 "光照效果"滤镜

"光照效果"滤镜允许对图像应用不同的光源、灯光类型和灯光特效等特殊效果，这将有助于增加图像景深和聚光区，还可以改变基调。"光照效果"滤镜也可用来从灰度图像中生成类似光线反射纹理效果，用这种方法为平面图像添加三维效果。

单击"滤镜"|"渲染"|"光照效果"命令，弹出"光照效果"对话框，如图 10-34 所示。

图 10-34 "光照效果"对话框

该对话框中各主要选项的含义如下：

❋ 样式：该下拉列表框中有 17 种光照模式。

❋ 光照类型：该下拉列表框中可以选择光源的类型，包括点光、全光源和平行光 3 种类型。

❋ 强度：通过拖曳滑块，可以对灯光的光照强度进行调整，其取值范围为-100～100。

❋ 聚焦：选中"点光"选项时，该命令才能使用，该选项主要是决定图像中所使用灯光的光照范围。

❋ 材料：通过调整滑块的位置来调整图像的质感，通过其右侧的色块可以为图像添加一种色调，使图像的质感更为逼真。

❋ 曝光度：该选项决定图像反光程度，数值越大，反光越强烈。

❋ 纹理通道：通过其右侧的下拉列表框，可以选择产生立体效果的通道，其中有红、绿和蓝 3 个通道选项。

❋ 白色部分凸出：选中该复选框，可以使白色部分为最高凸起；取消选择该复选框，可以使画面中的黑色部分为最高凸起。

执行"光照效果"滤镜前后的效果如图 10-35 所示。

第 10 章 神奇滤镜

图 10-35　执行"光照效果"滤镜前后的效果

📖　"镜头光晕"滤镜

"镜头光晕"滤镜可以模拟亮光照射到相机镜头所产生的折射效果。

单击"滤镜"|"渲染"|"镜头光晕"命令，弹出"镜头光晕"对话框，如图 10-36 所示。

在该对话框中单击图像缩览图的任意位置或拖动十字线，可以指定光晕的中心位置；"亮度"滑块可以定义镜头光晕效果的亮度；在"镜头类型"选项区中可以选择一种镜头类型。如图 10-37 所示为执行"镜头光晕"滤镜前后的效果。

图 10-36　"镜头光晕"对话框　　　　图 10-37　执行"镜头光晕"滤镜前后的效果

📖　"纤维"滤镜

"纤维"滤镜是使用前景色和背景色创建纤维状的外观。

📖　"云彩"滤镜

"云彩"滤镜根据前景色和背景色之间的随机像素，将图像转换为柔和的云彩效果。该滤镜没有对话框，直接执行命令即可得到滤镜效果。

10.9　画笔描边滤镜

"画笔描边"滤镜组通过使用不同的画笔和油墨描边效果，可以创建自然绘画效果的外观。下面将分别介绍常用滤镜的使用。

📖 "成角的线条"滤镜

"成角的线条"滤镜用对角线来修描图像，它在图像中较亮的区域用同方向的线条绘制，在较暗的区域用相反方向的线条绘制。

执行"成角的线条"滤镜前后的效果如图 10-38 所示。

图 10-38　执行"成角的线条"滤镜前后的效果

📖 "墨水轮廓"滤镜

"墨水轮廓"滤镜以钢笔画的风格，用纤细的线条在原细节上重绘图像。

📖 "喷色描边"滤镜

"喷色描边"滤镜通过使用带有角度的喷色线条来重新描绘图像。

📖 "喷溅"滤镜

"喷溅"滤镜用于创建类似于喷枪作图的效果，可以简化总体效果。

执行"喷溅"滤镜前后的效果如图 10-39 所示。

图 10-39　执行"喷溅"滤镜前后的效果

📖 "强化的边缘"滤镜

"强化的边缘"滤镜可以强化图像的边缘。设置高的边缘亮度控制值时，强化效果类似白色粉笔；设置低的边缘亮度控制值时，强化效果类似黑色油墨。

📖 "深色线条"滤镜

"深色线条"滤镜使用短的、绷紧的深色线条绘制暗区，使用长的白色线条绘制亮区。

📖 "烟灰墨"滤镜

"烟灰墨"滤镜以日本画的风格绘画图像，看起来像是用蘸满油墨的画笔在宣纸上绘画。烟灰墨使用油墨效果来创建柔和的模糊边缘。

📖 "阴影线"滤镜

"阴影线"滤镜的作用是模糊铅笔阴影，可为图像添加纹理并粗糙化图像，同时彩色区域的边缘可以保留图像的细节和特征。

执行"阴影线"滤镜前后的效果如图 10-40 所示。

图 10-40 执行"阴影线"滤镜前后的效果

10.10　素描滤镜

使用"素描"滤镜组中的滤镜可以为图像添加纹理效果，通常用于制作 3D 效果。用户可以通过"滤镜库"来应用所有的"素描"滤镜效果。

📖 "便条纸"滤镜

"便条纸"滤镜可以简化图像，创建具有浮雕凹陷和纸颗粒感纹理的效果，如图 10-41 所示。

图 10-41 执行"便条纸"滤镜前后的效果

📖 "半调图案" 滤镜

"半调图案" 滤镜根据前景色与背景色重新添加图像的颜色，使图像产生网屏效果。

📖 "铬黄" 滤镜

"铬黄" 滤镜可以将图像处理成擦亮的铬黄表面。高光在反射表上是高点，而暗调则是低点。

📖 "绘图笔" 滤镜

"绘图笔" 滤镜可以使用细的、线状的油墨对图像进行描边，以获取原图像中的细节，产生素描效果。该滤镜使用背景色作为油墨，使用背景作为纸张，以替换原图像中的颜色。如图 10-42 所示为执行 "绘图笔" 滤镜前后的效果。

图 10-42　执行 "绘图笔" 滤镜前后的效果

📖 "基底凸现" 滤镜

"基底凸现" 滤镜可以使图像呈现出较为细腻的浮雕效果，并加入光照效果突出浮雕表面的变化。图像中较暗区域的颜色呈现前景色，而较亮和较浅的区域则呈现背景色。

📖 "水彩画纸" 滤镜

"水彩画纸" 滤镜可以产生在潮湿的纸上绘画所生成的效果。

📖 "塑料效果" 滤镜

"塑料效果" 滤镜可以按照 3D 塑料效果塑造图像，然后使用前景色与背景色为图像着色，效果为暗区凸起，亮区凹陷。

📖 "炭笔" 滤镜

"炭笔" 滤镜可以用前景色在背景色上重新绘制图像，并产生色调分离的涂抹效果。在绘制的图像中，粗线将绘制图像的主要边缘，细线将绘制图像的中间色调。

执行 "炭笔" 滤镜前后的效果如图 10-43 所示。

图 10-43　执行"炭笔"滤镜前后的效果

　　📖　"炭精笔"滤镜

　　"炭精笔"滤镜在绘画时用前景色绘制画面较暗的部分，用背景色绘制画面较亮的部分；使图像产生蜡笔绘制的效果。

　　📖　"图章"滤镜

　　使用"图章"滤镜可以简化图像，使其看起来像用橡皮或木制的图章盖印那样。该滤镜用于黑白图像时效果最佳。

　　📖　"网状"滤镜

　　"网状"滤镜可以产生在背景上绘制半固体的前景色透明网格效果。

　　📖　"粉笔和炭笔"滤镜

　　"粉笔和炭笔"滤镜可以使用前景色在图像上绘制出粗糙的高亮区域和中间调。使用的前景色为炭笔颜色，背景色为粉笔颜色。

　　执行"粉笔和炭笔"滤镜前后的效果如图 10-44 所示。

图 10-44　执行"粉笔和炭笔"滤镜前后的效果

　　📖　"影印"滤镜

　　"影印"滤镜可以模拟由前景色和背景色影印图像的效果，如同在陈旧的摄影复制机上复制图像一样。

📖 "撕边"滤镜

"撕边"滤镜可以重建图像，使之由粗糙、撕破的纸片状的图像组成，然后使用前景色与背景色为图像着色。

10.11　纹理滤镜

"纹理"滤镜组主要用来制作深度感或材质感较强的效果，其中包括龟裂缝、颗粒、马赛克拼贴、拼缀图、染色玻璃和纹理化等滤镜。

📖 "龟裂缝"滤镜

"龟裂缝"滤镜可以将浮雕效果和某种爆裂效果相结合，产生凹凸不平的裂纹。

📖 "颗粒"滤镜

"颗粒"滤镜可以使用不同的颗粒类型在图像中添加不同的纹理效果。颗粒类型包括常规、柔和、喷洒、结块、强反差、扩大、水平、垂直和斑点等。

📖 "拼缀图"滤镜

"拼缀图"滤镜可以将图像分解为若干个正方形，这些正方形是用图像中该区域的主色填充的。

📖 "染色玻璃"滤镜

"染色玻璃"滤镜可以将图像重新绘制为玻璃的模拟效果，生成的玻璃块之间的缝隙图像将用前景色填充。

📖 "马赛克拼贴"滤镜

"马赛克拼贴"滤镜可以将画面分割成若干小块，并在小块之间增加深色的缝隙。如图10-45 所示为执行"马赛克拼贴"滤镜前后的效果。

图 10-45　执行"马赛克拼贴"滤镜前后的效果

📖 "纹理化"滤镜

"纹理化"滤镜可以将选择或创建的纹理应用于图像。

10.12　艺术效果滤镜

使用"艺术效果"滤镜组中的滤镜，可以为商业项目图像制作绘画效果，这些滤镜一般是模仿自然或传统介质生成效果。所有的"艺术效果"滤镜都可以通过"滤镜库"进行应用。

📖 "壁画"滤镜

"壁画"滤镜可以在图像的边缘添加黑色，并增加反差的饱和度，从而使图像产生古壁画的效果。

📖 "粗糙蜡笔"滤镜

"粗糙蜡笔"滤镜可以使图像产生用彩色蜡笔在带有纹理的背景上描边的效果。

执行"粗糙蜡笔"滤镜前后的效果如图 10-46 所示。

图 10-46　执行"粗糙蜡笔"滤镜前后的效果

📖 "彩色铅笔"滤镜

"彩色铅笔"滤镜模拟各种颜色的铅笔在纯色背景上绘制图像。绘制的图像中，重要边缘被保留，外观以粗糙阴影状态显示，纯色背景色透过较平滑的区域显示出来。

📖 "底纹效果"滤镜

"底纹效果"滤镜可以在带有纹理的背景上绘制图像，然后将最终图像绘制在原图像上。

📖 "调色刀"滤镜

"调色刀"滤镜的功能类似于用刀子刮去图像的细节，从而产生不同的效果。

📖 "海报边缘"滤镜

"海报边缘"滤镜可以按照用户设置的"海报化"选项减少图像中的颜色数目，强化图像的边缘并沿边缘绘制黑线，图像中的大部分区域用简单的阴影表示。

📖 "海绵"滤镜

"海绵"滤镜用颜色对比度强、纹理较重的区域绘制图像，生成类似海绵绘画的效果。

📖 "干画笔"滤镜

"干画笔"滤镜主要使用干画笔技术绘制图像的边缘。它通过从图像的颜色范围中减少常用的颜色区域来简化图像。如图 10-47 所示为执行"干画笔"滤镜前后的效果。

图 10-47　执行"干画笔"滤镜前后的效果

📖 "绘画涂抹"滤镜

"绘画涂抹"滤镜可以看作是一组滤镜的综合运用，它可以使图像产生模糊的艺术效果。

📖 "木刻"滤镜

"木刻"滤镜的主要作用是处理由计算机绘制的图像，隐藏计算机加工的痕迹，使图像看起来更接近人工创作的效果。

📖 "霓虹灯光"滤镜

"霓虹灯光"滤镜可以为图像添加类似霓虹灯的发光效果。

📖 "胶片颗粒"滤镜

"胶片颗粒"滤镜可将平滑图案应用在图像的阴影和中间调上，将更平滑、饱和度更高的图案添加到亮区。在消除混合的图像条纹和将各种来源的图像元素在视觉上进行统一时，该滤镜非常有用。

📖 "水彩"滤镜

"水彩"滤镜通过简化图像的细节，用饱和图像的颜色改变图像边界的色调，使其产生一种类似于水彩风格的图像效果。如图 10-48 所示为执行"水彩"滤镜前后的效果。

图 10-48　执行"水彩"滤镜前后的效果

📖　"塑料包装"滤镜

"塑料包装"滤镜可以为图像添加一层光亮的颜色，以强调表面细节，从而使图像产生质感很强的塑料包装效果。

📖　"涂抹棒"滤镜

"涂抹棒"滤镜使用短的黑色线条涂抹图像的暗区，以柔化图像，该效果会使亮区变得更亮，以至失去部分细节图像。

10.13　视频滤镜

"视频"滤镜组包括"NTSC 颜色"滤镜和"逐行"滤镜。使用这两个滤镜可以使视频图像和普通图像之间相互转换。

📖　"NTSC 颜色"滤镜

"NTSC 颜色"滤镜可以将图像颜色限制在电视机重现时可接受的范围之内，以防止过饱和颜色渗到电视机扫描行中。

📖　"逐行"滤镜

"逐行"滤镜通过移去视频图像中的奇数或偶数隔行线，将在视频上捕捉的运动图像变得平滑。用户可以通过复制或插值来替换扔掉的线条。

10.14　锐化滤镜

"锐化"滤镜组可以将模糊的图像变得清晰，它主要通过增加相邻像素点之间的对比度，将模糊的图像变得清晰，可用于处理由于摄影及扫描等原因造成的模糊图像。

📖 "USM 锐化" 滤镜

对于专业色彩校正员来说，可以使用"USM 锐化"滤镜调整边缘细节的对比度，并在边缘的每一侧生成一条亮线和一条暗线。该过程将使边缘突出，造成图像更加锐化的错觉。

单击"滤镜"|"锐化"|"USM 锐化"命令，弹出"USM 锐化"对话框，如图 10-49 所示。

图 10-49 "USM 锐化"对话框

该对话框中的"数量"选项用于设置锐化效果的强度，其取值范围为 1%～500%；"半径"选项用于设置锐化的半径，其取值范围为 0.1～250；"阈值"选项用于设置相邻像素之间的比较值，其取值范围为 0～255。

执行"USM 锐化"滤镜前后的效果如图 10-50 所示。

图 10-50 执行"USM 锐化"滤镜前后的效果

📖 "进一步锐化" 滤镜

"进一步锐化"滤镜通过增大图像像素之间的反差使图像产生清晰的效果，该滤镜效果相当于多次应用"锐化"滤镜的效果。

📖 "锐化" 滤镜

"锐化"滤镜可以增加相邻像素间的对比度，使图像更加清晰，该滤镜锐化的程度很轻微，如果要得到较为明显的锐化效果，可以使用"进一步锐化"滤镜。该滤镜没有对话框，直接执行该命令即可。

📖 "锐化边缘"滤镜

"锐化边缘"滤镜可以锐化图像的边缘轮廓，使颜色之间的分界比较明显。该滤镜没有对话框，单击命令即可产生效果。

📖 "智能锐化"滤镜

"智能锐化"滤镜通过设置锐化算法来锐化图像，或者通过控制阴影和高光中的锐化量来锐化图像。

单击"滤镜"|"锐化"|"智能锐化"命令，弹出"智能锐化"对话框，如图 10-51 所示。

图 10-51 "智能锐化"对话框

该对话框中各主要选项的含义如下：

❋ 数量：该选项用于设置锐化效果的强度，其取值范围为 1%～500%。

❋ 半径：该选项用于设置锐化的半径，其取值范围为 0.1～64。半径值越大，锐化的区域越大，锐化的效果就越明显。

❋ 减少杂色：调整该选项，能够使图片中的杂色减少，从而能够使图片更加清晰。

❋ 移去：该选项用来设置对图像进行锐化的锐化算法。其中包括 3 个选项，其中"高斯模糊"选项将检测图像中的边缘和细节；"镜头模糊"选项将检测图像中的边缘和细节，可以对细节进行更精细的锐化，并减少锐化光晕；"动感模糊"选项将尝试减少由于相机或主体移动而导致的模糊效果。

执行"智能锐化"滤镜前后的效果如图 10-52 所示。

图 10-52 执行"智能锐化"滤镜前后的效果

10.15 其他滤镜

用户可以自定滤镜效果，或使用滤镜修改蒙版，还可以在图像的选区中进行位移和快速调整颜色。

📖 "高反差保留"滤镜

"高反差保留"滤镜在有强烈颜色转变发生的区域指定半保留边缘的细节，并且不显示图像的其余部分。使用该滤镜可移去图像中的低频细节，效果与"高斯模糊"滤镜相反。

📖 "位移"滤镜

"位移"滤镜可将选区按指定的水平或垂直方向移动，而选区的原位置变成空白区域，可以用工具箱中的背景色或用图像的另一部分填充空白区域。

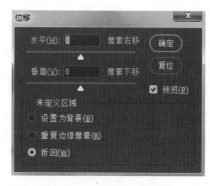

图 10-53 "位移"对话框

单击"滤镜"|"其他"|"位移"命令，弹出"位移"对话框，如右图 10-53 所示。

该对话框中的"水平"数值框用于设置图像在水平方向上进行位移的大小；"垂直"数值框用于设置图像在垂直方向上进行位移的大小；"未定义区域"选项区用于设置图像位移后空白区域的填充方式。

执行"位移"滤镜前后的效果如图 10-54 所示。

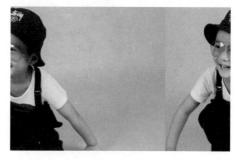

图 10-54 执行"位移"滤镜前后的效果

📖 "自定"滤镜

用户可以使用"自定"滤镜自己设置滤镜。该滤镜可以根据预定义的数学运算（称为卷积），更改图像中每个像素的亮度值；根据周围的像素值为每个像素重新指定一个值。

📖 "最大值"滤镜和"最小值"滤镜

"最大值"滤镜可以扩大图像中的白色区域，缩小图像中的黑色区域；"最小值"滤镜可以扩大图像中的黑色区域，缩小图像中的白色区域。

习　题

一、填空题

1. "_____"滤镜允许用户在包含透视平面（如建筑物侧面或任何矩形对象）的图像中进行透视校正编辑。

2. 使用"_____"滤镜，可以使图像生成强烈的波纹效果，与"_____"滤镜不同的是，使用"_____"滤镜可以对波长及振幅进行控制。

3. 使用"_____"滤镜，可以减少在弱光或高 ISO 值情况下拍摄的照片中的粒状噪点，以及移除_____格式的图像压缩时产生的噪点。

二、简答题

1. 滤镜的使用规则有哪些？
2. 滤镜的使用技巧有哪些？
3. "动感模糊"滤镜的特点是什么？

三、上机题

1. 使用"镜头校正"滤镜扶正照片，如图 10-55 所示。

图 10-55　执行"镜头校正"滤镜前后的效果

关键提示：在"镜头校正"对话框中，选取拉直工具，移动鼠标指针至图像的右上方处按住鼠标左键并向左上方拖动，直到图像转正为止，单击"确定"按钮。此时的背景图层将转换为普通图层，用户可以单击"图层"|"新建"|"背景图层"命令，将普通图层转换为背景图层。

2. 使用"拼贴"滤镜制作如图 10-56 所示的效果。

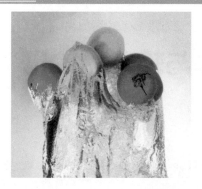

图 10-56 拼贴效果

关键提示：单击"滤镜"|"风格化"|"拼贴"命令，弹出"拼贴"对话框，在该对话框中选中"反向图像"单选按钮，然后单击"确定"按钮即可。

第11章　动作与输入、输出

■本章概述

　　本章主要介绍动作的功能及操作，其中包括创建与录制动作、复制和删除动作、保存和加载动作，以及自动化命令、图像的输入与输出等内容。

■方法集锦

打开"动作"调板2种方法	创建动作组2种方法	播放动作3种方法
复制动作2种方法	删除动作3种方法	输入图像4种方法
页面设置2种方法	打印属性设置2种方法	

11.1　"动作"调板

　　"动作"调板可以记录、播放、编辑或删除单个动作，还可以存储和载入动作文件。

　　打开"动作"调板有以下两种方法：

❋　命令：单击"窗口"|"动作"命令。

❋　快捷键：按【Alt＋F9】组合键。

　　使用以上任意一种方法，均可弹出"动作"调板，如图11-1所示。

图11-1　"动作"调板

　　该调板中各主要选项的含义如下：

❋　默认动作：Photoshop CC 中只有一个默认动作组，组名称的左侧显示一个 ⌄ 图标，表示这是一组动作的集合。

❋　"切换对话开/关"图标 ▣ ：当动作文件（或动作）名称前出现该图标且为红色时，表示该动作文件中部分动作（或命令）包含了暂停操作，且在暂停操作命令前面以黑色显示该图标。

❀ "切换项目开/关"图标✓：可设置允许/禁止执行动作组中的动作、选定动作或动作中的命令，例如：若用户只希望执行动作中的部分命令，可使用该图标进行控制。

❀ "展开/折叠"图标〉：单击该图标，可以展开/折叠动作组中的所有动作、动作中的所有命令或命令中的参数列表。

❀ "创建新组"按钮📁：单击该按钮，可以新建一个动作组，以便存放新的动作。

❀ "停止播放/记录"按钮▶：单击该按钮，可以停止当前的录制操作，该按钮只有在开始记录按钮被按下时才能使用。

❀ "开始记录"按钮●：单击该按钮，可以录制一个新的动作，新建的动作将出现在当前选定的文件夹中。

❀ "播放选定的动作"按钮▶：单击该按钮，可以执行当前选定的动作。

❀ "创建新动作"按钮➕：单击该按钮，可以建立一个新的动作，新建的动作将出现在当前选定的文件夹中。

❀ "动作"调板菜单按钮≡：单击该按钮，将弹出"动作"调板菜单，如图11-2所示。用户可以从中选择所需的功能选项。

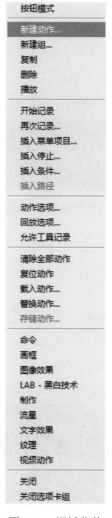

图11-2　调板菜单

11.2　动作创建与编辑

使用"动作"调板可以非常方便地录制与执行动作，不过，在录制动作之前，应先定义一个新的动作组，以区别于 Photoshop CC 的默认动作组。

11.2.1　创建与录制动作

动作必须在记录后才能使用，所以在使用动作之前，用户需要对动作的记录、编辑和播放等知识有一个较全面的了解，下面将分别介绍动作的创建与录制。

📖 创建动作组

创建动作组有以下两种方法：

❋ 调板菜单：单击"动作"调板右上角的调板控制按钮，在弹出的调板菜单中选择"新建组"选项。

❋ 按钮：单击"动作"调板底部的"创建新组"按钮。

执行以上任意一种操作，均可弹出"新建组"对话框，如图 11-3 所示。

图 11-3　"新建组"对话框

在该对话框的"名称"文本框中输入动作组的名称，然后单击"确定"按钮，即可新建一个动作组。

📖 创建并记录动作

要创建新建动作，可在创建了动作组后，单击"动作"调板底部的"创建新动作"按钮，弹出"新建动作"对话框，如图 11-4 所示。单击"记录"按钮，开始记录动作，即可创建一个新动作。

图 11-4　"新建动作"对话框

该对话框的"组"下拉列表框中包含当前"动作"调板中所有动作组的名称，在其中可以选择一个作为放置新动作的序列名称；在"功能键"下拉列表框中可以选择一个功能键，在播放动作时，可以直接按该功能键播放动作；在"颜色"下拉列表框中可以选择一种颜色，作为在命令按钮显示模式下新动作的颜色。

11.2.2 插入停止

"动作"调板菜单中的"插入停止"选项允许将"停止"警告信息添加到屏幕上，并且可以为信息框添加一个"继续"按钮。如果图像看起来很正常，用户不再需要在屏幕上观察动作的结果，可以单击"继续"按钮，继续播放动作。

选择要插入"停止"命令的位置，单击"动作"调板右上角的调板控制按钮，在弹出的调板菜单中选择"插入停止"选项，将弹出"记录停止"对话框，如图 11-5 所示。

图 11-5 "记录停止"对话框

选中该对话框中的"允许继续"复选框，表示在以后执行该"插入停止"命令时，所显示的暂停对话框中将显示"继续"按钮，单击该按钮可以继续执行动作中的操作，执行"插入停止"命令后，便不必对该动作进行修改了。

举例说明——美丽兰花图

（1）单击"文件"|"打开"命令，打开一幅兰花图像，如图 11-6 所示。

（2）单击"窗口"|"动作"命令，弹出"动作"调板，如图 11-7 所示。

扫码观看本节视频

图 11-6 素材图像

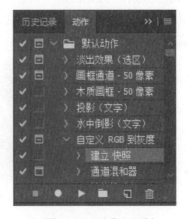

图 11-7 "动作"调板

（3）单击该调板中自带的"木质画框-50 像素"动作，单击"动作"调板底部的"播放选定的动作"按钮执行动作，此时窗口中将弹出一个提示信息框，如图 11-8 所示。

（4）在该对话框中单击"继续"按钮，继续进行动作操作，直到得到如图 11-9 所示的相框效果。

图 11-8　提示信息框

图 11-9　相框效果

11.2.3　播放动作

停止录制动作之后，若需要播放该动作，有以下 3 种方法：

❈ 按钮：当用户需要播放录制的动作时，只需在"动作"调板中选定该动作，然后单击该调板底部的"播放选定的动作"按钮。

❈ 调板菜单：单击"动作"调板右上角的调板控制按钮，在弹出的调板菜单中选择"播放"选项，即可按顺序播放动作。

❈ 快捷键＋按钮：按住【Ctrl】键单击动作的名称，可以选定多个不连续的动作。单击"播放选定的动作"按钮，将只播放用户所选中的动作。

若用户想设置动作的播放方式，可以单击"动作"调板上角侧的调板控制按钮，在弹出的调板菜单中选择"回放选项"选项，弹出"回放选项"对话框，如图 11-10 所示。

图 11-10　"回放选项"对话框

选中该对话框中的"加速"单选按钮，可以获得较快的动作执行速度；选中"逐步"单选按钮，可以一步一步地播放动作中的操作；选中"暂停"单选按钮，可在其右侧的数值框中输入暂停的时间。

11.2.4 复制和删除动作

复制和删除动作是"动作"调板中经常使用的一项操作，用户应熟练掌握其操作方法。

📖 复制动作

复制动作的方法有以下两种：

❋ 调板菜单：在"动作"调板中选择要复制的动作，然后单击该调板右上角的调板控制按钮，在弹出的调板菜单中选择"复制"选项，即可复制该选定的动作。

❋ 鼠标＋按钮：在"动作"调板中选择要复制的动作，然后将其拖动至调板底部的"创建新动作"按钮，即可复制该动作。

📖 删除动作

删除动作的方法有以下 3 种：

❋ 调板菜单：在"动作"调板中选择要删除的动作，然后单击该调板右上角的调板控制按钮，在弹出的调板菜单中选择"删除"选项，即可删除该选定的动作。

❋ 鼠标＋按钮 1：在"动作"调板中选择要删除的动作，然后将其拖至调板底部的"删除"按钮，即可删除该动作。

❋ 鼠标＋按钮 2：在"动作"调板中选择要删除的动作，单击该调板底部的"删除"按钮，这时将弹出一个提示信息框，询问是否确定删除该动作，如图 11-11 所示。单击"确定"按钮，即可将该动作删除。

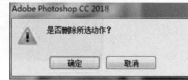

图 11-11　提示信息框

11.2.5 保存和加载动作

对录制完成的动作，用户可以对其进行保存，以便应用于其他图像，同时也可以载入和替换为其他动作。

📖 保存动作

用户若要保存录制的动作，需要先选定该动作组，然后单击"动作"调板右上角的调板控制按钮，在弹出的调板菜单中选择"存储动作"选项，并在弹出的"存储"对话框中设置好保存的动作文件名称及路径，单击"确定"按钮即可。

📖 加载动作

加载动作即载入动作，载入的动作可从网上下载，或将磁盘中所存储的动作文件添加到当前的动作列表。

若要加载动作，可以在"动作"调板菜单中选择"载入动作"选项，在弹出的"载入"对话框中选择要载入的动作即可。

11.3　应用自动化命令

在 Photoshop CC 中，经常用自动化命令来处理大批同样属性的文件，以提高工作效率。
自动化命令主要包括批处理、限制图像和 PDF 演示文稿等。

11.3.1　批处理图像

应用"批处理"命令可以对一个文件夹中的文件运行动作。如果有带文档输入器的数码
相机或扫描仪，也可以用单个动作导入和处理多个图像。扫描仪或数码相机需要支持动作的
取入增效工具模块。

单击"文件"|"自动"|"批处理"命令，弹出"批处理"对话框，如图 11-12 所示。

图 11-12　"批处理"对话框

该对话框中各主要选项的含义如下：

❊　组：该下拉列表框用于设置将要执行的动作所在的组。

❊　动作：该下拉列表框用于设置要执行的动作名称。

❊　源：在该下拉列表框中选择"文件夹"选项，单击"选择"按钮，弹出"浏览文件
夹"对话框，在其中选择需要批处理的文件夹。

❊　覆盖动作中的打开命令：选中该复选框，播放动作时可以忽略动作中录制的"打开"
命令。

❊　包含所有子文件夹：选中该复选框，播放动作时可以处理所选文件夹的子文件夹中
的图像。

❊　禁止显示文件打开选项对话框：选中该复选框，可以隐藏"文件打开选项"对话框，
并将使用默认设置或以前指定的设置处理指定的文件。对相机原始图像文件的动作进行批处
理时，这是很有用的。

❊　禁止颜色配置文件警告：选中该复选框，可以关闭颜色方案信息的显示。

❊　目标：在该下拉列表框中选择"无"选项，则对处理后的图像文件不做任何操作；
选择"存储并关闭"选项，则将文件存储在其当前位置，并覆盖原来的文件；选择"文件夹"
选项，则将处理过的文件存储到另一个位置。单击下方的"选择"按钮可以指定目标文件夹。

❋ 错误：在该下拉列表框中可选择用于出错处理的选项。选择"由于错误而停止"选项可以指定在动作执行过程中发生错误时处理错误的方式；选择"将错误记录到文件"选项，可以将每个错误记录在文件中而不停止进程。如果有错误记录到文件中，处理完毕后将出现一条信息。要查看错误文件，在批处理命令运行之后可使用文本编辑器将错误文件打开。对文件进行批处理时，可以打开或关闭所有的文件并存储对原文件的更改，或将修改后的文件存储到新位置（原始版本保持不变）。但是在此之前应该先为处理过的文件创建一个新文件夹。

要使用多个动作进行批处理，可创建一个播放所有动作的新动作，然后使用新动作进行批处理。要批处理多个文件，则可在一个文件夹中创建要处理的文件夹的别名，再选中"包含所有子文件夹"复选框。

11.3.2 创建快捷批处理

快捷批处理是一个小应用程序，可以用来为一个批处理操作创建一个快捷方式。当需要对其他文件应用该批处理时，只需要将文件拖到该快捷图标上即可。用户可以将快捷批处理的快捷方式存储在桌面上或磁盘的另一个位置。

动作是创建快捷批处理的基础。在创建快捷批处理之前，必须在"动作"调板中创建所需的动作。

单击"文件"|"自动"|"创建快捷批处理"命令，弹出"创建快捷批处理"对话框，如图 11-13 所示。

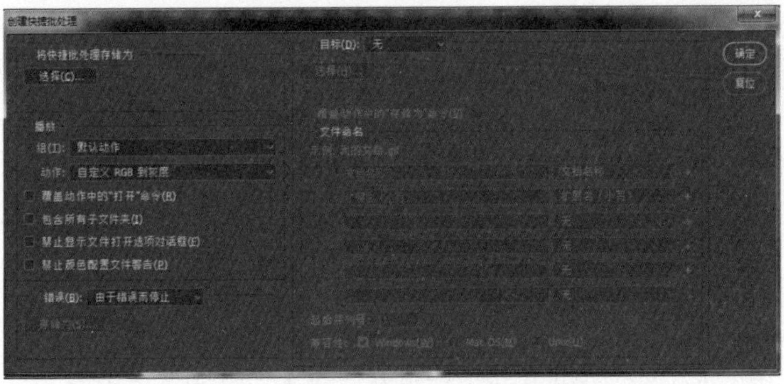

图 11-13 "创建快捷批处理"对话框

该对话框中的"将快捷批处理存储于"选项区用来指定快捷批处理的存储位置，单击"选取"按钮，在弹出的"存储"对话框的"格式"下拉列表框中选择"将快捷批处理存储于（*.exe）"选项，即可存储文件。

该对话框中其他选项区的选项与"批处理"对话框中对应选项的作用大致相同，在此不再赘述。

11.3.3 PDF 演示文稿

执行"PDF 演示文稿"命令可以使用多幅图像创建多页面文档或放映幻灯片演示文稿。用户可以设置选项以确保 PDF 中的图像品质，设置安全性及将文档设置为像放映幻灯片那样

第 11 章 动作与输入、输出

自动打开。

单击"文件"|"自动"|"PDF 演示文稿"命令，弹出"PDF 演示文稿"对话框，如图 11-14 所示。单击"浏览"按钮，在弹出的"打开"对话框中选择几幅图片，单击"确定"按钮，返回到"PDF 演示文稿"对话框中。

图 11-14 "PDF 演示文稿"对话框

该对话框中主要选项的含义如下：

❋ 浏览按钮：单击"浏览"按钮，弹出"打开"对话框，在其中可以选择构成演示文档的图像，然后单击"打开"按钮，即可将选中的图像添加到"源文件"列表框中。

❋ 添加打开的文件：选中该复选框，可以将 Photoshop 中打开的文件添加到列表中。

❋ "复制"按钮：在列表中选择一个图像文件，然后单击"复制"按钮，可以复制一个文件。

❋ "移去"按钮：单击该按钮，可以将当前图像文件删除。

❋ 按名称排序：如果有两个或者两个以上的文档，选中该单选按钮，可以自动进行排序。

❋ 演示文稿：选中该单选按钮，可以激活"演示文稿选项"选项区。

❋ 换片间隔：选中该复选框，可以设置演示文稿进行到下一个图像前显示的时间长度。

❋ 在最后一页之后循环：选中该复选框，可以指定演示文稿在到达末尾之后自动重新开始播放。取消选择该复选框，则在显示了最后一个图像后停止演示文稿。

❋ 过渡：在该下拉列表中可以选取一种从一个图像移到下一个图像的过渡方式，如图 11-15 所示。

在"PDF 演示文稿"对话框中设置相关参数之后，单击"存储"按钮，在弹出的"存储"对话框中，将创建的 PDF 文件保存到目标文件夹即可。

保存的 PDF 演示文稿可以使用 Adobe Reader 软件观看。

图 11-15 下拉列表

11.3.4 裁剪并修齐照片

使用"裁剪并修齐照片"命令可以将一次扫描的多个图像分成多个单独的图像文件，但是应该注意，扫描的多个图像之间应该保持 1/8 英寸的间距，并且背景应该是均匀的单色。

单击"文件"|"打开"命令，打开一幅人物素材图像，如图 11-16 所示。单击"文件"|

"自动"|"裁剪并修齐照片"命令，系统将自动裁剪并修齐图像，效果如图 11-17 所示。

图 11-16　素材图像

图 11-17　裁剪并修齐照片后的效果

11.3.5　联系表 II

联系表可以在一页上显示一系列缩览图以便用户轻松预览一组图像及其编目。使用"联系表 II"命令，系统将自动创建缩览图并将其显示在页面上。

单击"文件"|"自动"|"联系表 II"命令，将弹出"联系表 II"对话框，如图 11-18 所示。

图 11-18　"联系表 II"对话框

该对话框中主要选项的含义分别如下：

❋　源图像：在该选项区中单击"浏览"按钮，可以选择图像源文件所在的文件夹。如果选中其下方的"包含所有子文件夹"复选框，则可以对所选文件夹及其子文件夹内的所有图像文件执行同样的操作。

❋　文档：在该选项区中可以设置联系表的大小、分辨率、模式和是否拼合所有图层等。

❋　缩览图：在该选项区中可以设置缩览图摆放的位置、列数和行数。

❋　使用文件名作题注：该复选框可以设置是否用文件名作为联系表中图像的说明文字，并可在"字体"和"字体大小"下拉列表框中设置说明文字的字体和字体大小。

在"源图像"选项区中单击"浏览"按钮，弹出"浏览文件夹"对话框，在其中选择要生成缩览图的图像所在的文件。

选择完毕后单击"确定"按钮，切换到"联系表 II"对话框，并在其中设置文档的"宽度"为 20.32 像素、"高度"为 25.4 像素、"分辨率"为 118.11 像素/厘米、"字体"为"宋体"、"字体大小"为 12，如图 11-19 所示。其他选项设置采用默认值，单击"确定"按钮，经过一段时间处理，即可得到一个联系表，如图 11-20 所示。

图 11-19 设置"联系表 II"对话框

图 11-20 执行"联系表 II"命令后的效果

11.3.6 条件模式更改

条件模式更改根据图像原来的模式将图像的颜色模式更改为用户指定的模式。单击"文件"|"自动"|"条件模式更改"命令，将弹出"条件模式更改"对话框，如图 11-21 所示。

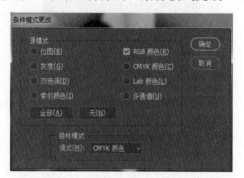

图 11-21 "条件模式更改"对话框

该对话框中的"源模式"选项区用于设置与当前文件匹配的源模式；在"目标模式"选项区的"模式"下拉列表框中可设置需要转换的目标模式。

11.3.7 限制图像

单击"文件"|"自动"|"限制图像"命令，弹出"限制图像"对话框，在该对话框的"宽度"和"高度"数值框中输入数值，可以放大或缩小当前图像的尺寸。

使用该命令设置将仍然保持图像的高度和宽度的比例，如图 11-22 所示。

图 11-22 "限制图像"对话框

11.4 输入图像

使用 Photoshop CC 编辑图像时，需要用到图像资料，这些图像资料可以通过不同的途径获取，下面将介绍 4 种获取图像的方法。

11.4.1 使用图像素材光盘

对于一个专业的图像处理人员来说，素材光盘是必不可少的辅助工具。目前，市场上的素材光盘很多，如风景、动物、人物和建筑等各种素材，用户可以根据需要进行选购。

11.4.2 使用扫描仪

扫描仪是一种较为常用的获取图像的途径，使用该途径可以将所需的图像素材扫描到电脑中，然后在 Photoshop CC 中进一步修改和编辑。

11.4.3 从数码相机输入

数码相机是目前较为流行的一种高效快捷的图像获取工具，它具有数字化存取功能，并能与电脑进行信息交互。通过数码相机可以将拍摄的景物、实体等各种图像素材直接输入到 Photoshop CC 中。

11.4.4 使用其他方法

用户还可以从网上下载需要的图片，使用截图软件从计算机屏幕中直接截取需要的图片，还可截取电影上的图像，例如：在用计算机观看 VCD 或 DVD 视频文件时，如果发现某些图像与制作的课件主题相符，可以使用"超级解霸"等多媒体播放软件将画面截取下来。

11.5 输出图像

在 Photoshop CC 中制作好图像效果之后，有时需要以印刷品的形式输出图像，如宣传画、书籍的封面和插页等，这就需要将其打印输出。在对图像进行打印输出之前，需要对打印选项做一些基本的设置。

Photoshop CC 提供了专用的打印选项设置功能，可根据不同的工作需求合理地设置。

执行打印的方法有以下两种：

❋ 命令：单击"文件"|"打印"命令。

❋ 快捷键：按【Ctrl＋P】组合键。

使用以上任意一种方法，均可弹出"Photoshop 打印设置"对话框，如图 11-23 所示。

图 11-23 "Photoshop 打印设置"对话框

该对话框中各主要选项的含义如下：

❋ 打印设置区域 打印机设置：用鼠标点击下面的打印设置，可弹出 Fax 属性，在里面可以对纸张大小、图像质量以及方向进行设置，如图 11-24 所示。

图 11-24 "Fax 属性"对话框

❋ 图像预览区域：在该区域中，可以观察图像在打印纸上的打印区域是否合适。

❋ "顶"数值框：表示图像距离打印纸顶边的距离。

❋ "左"数值框：表示图像距离打印纸左边的距离。

❋ "缩放"数值框：表示图像打印的缩放比例，若选中"缩放以适合介质"复选框，则 Photoshop CC 会自动将图像缩放至合适的大小，使图像能满幅打印到纸张上。

❋ "高度"数值框：设置打印文件的高度。

❋ "宽度"数值框：设置打印文件的宽度。

❋ "显示定界框"复选框：显示打印控制框，选中该复选框后，图像的每个角上均会出现一个控制点，拖曳控制点可以调整图像的打印范围，如图 11-25 所示。

❋ "打印选定区域"复选框：如果图像本身有选区存在，选中该复选框后，只打印选区内的图像。

❋ "背景"按钮：单击该按钮，将弹出"拾色器（打印背景色）"对话框，如图 11-26

所示。从中可以设置图像区域外的部分颜色，这些颜色不会对图像产生任何影响，只对打印页面之内的、图像内容以外的区域填充颜色。

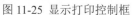

图 11-25 显示打印控制框　　　　图 11-26 "拾色器（打印背景色）"对话框

❋　"边界"按钮：单击该按钮，将弹出"边界"对话框，在该对话框的"宽度"数值框中可以输入数值来设定边框的宽度，为图像添加上边框，如图 11-27 所示。

图 11-27 "边界"对话框及效果

❋　"出血"按钮：单击该按钮，将弹出"出血"对话框，在该对话框中可以设置打印图像的"出血"宽度，如图 11-28 所示。

图 11-28 "出血"对话框

❋　"套准标记"复选框：选中该复选框，可在图像四周打印出对准标记。

❋　"角裁切标记"复选框：选中该复选框，可在图像 4 个角打印出四角裁切线。

❋　"中心裁切标记"复选框：选中该复选框，可在图像四边的中心位置打印出中心裁剪线，以便对准图像中心。

❋　"标签"复选框：选中该复选框，可以设置并打印图像的文件名和色彩通道名。

❋　"药膜朝下"复选框：选中该复选框，可以使感光层位于胶片或相纸的背面，即背景对着感光层时文字可读。

* "负片"复选框：选中该复选框，可以输出图像负片，即反色图像。

习　题

一、填空题

1. 使用"＿＿＿＿＿＿"命令可以用多幅图像创建多页面文档或放映幻灯片演示文稿。
2. 使用"＿＿＿＿＿＿"命令，系统将自动创建缩览图并将其显示在页面上。
3. "动作"命令的快捷键是＿＿＿＿＿＿。

二、简答题

1. 播放动作的方法有哪几种？
2. 如何创建动作组？
3. 输入图像有哪几种方法？

三、上机题

1. 执行"裁剪并修齐照片"命令将图像修正，如图 11-29 所示。

图 11-29　修正图像效果

2. 练习设置打印选项。

第 12 章　综合实例

通过对前面 11 章的学习，读者应该对 Photoshop CC 有了更深的认识，本章将运用 Photoshop CC 设计户外广告、海报广告、DM 广告、报纸广告和商品包装等效果，在回顾 Photoshop CC 主要功能的同时，将相对独立的章节内容融会贯通，达到举一反三的效果，创作出更具个性化的作品。

12.1　海报——"三八"国际妇女节

扫码观看本节视频

【实例说明】本实例介绍"海报——'三八'国际妇女节"图像的制作方法，效果如图 12-1 所示。

图 12-1 海报——"三八"国际妇女节

【制作要点】使用"打开"命令和"文字输入"命令，制作节日海报的主体背景；使用横变换工具和"字符"命令，制作海报文字效果。

【难度指数】★

12.1.1　制作"三八"国际妇女节海报

制作"三八"国际妇女节贺卡图像效果的具体操作步骤如下：

（1）单击"文件"|"新建"命令或按【Ctrl＋N】组合键，弹出"新建"对话框，新建一幅名为"三八妇女节贺卡"的 RGB 模式图像，设置"宽度"为 60 厘米、"高度"为 90 厘米、"分辨率"为 150 像素/英寸、"背景内容"为白色，如图 12-2 所示。单击"确定"按钮，新建一个空白图像文件。

（2）单击"文件"|"打开"命令或按【Ctrl＋O】组合键，弹出"打开"对话框，如图12-3所示。

（3）选中所需的素材图像，单击"打开"按钮，打开一幅海报背景素材图像，如图12-4所示。

（4）选取工具箱中的移动工具，将鼠标指针移至背景素材图像窗口中，按住鼠标 Alt+左键并拖动至整个窗口中；效果如图 12-5 所示。

图 12-2 "新建"对话框

图 12-3 "打开"对话框

图 12-4 海报背景

图 12-5 最终海报背景

（5）选择工具栏中的矩形工具，再选择，从左上角到右下角画两个矩形，效果如图12-6所示。

（6）在该图层中选择"路径"，单击右键选择建立选区或者快捷键"Alt+Enter"建立选区，然后使用快捷键"Ctrl+Delete"填充为白色效果如图 12-7 所示。

图 12-6 建立选区

图 12-7 填充后效果

（7）参照步骤（2）和（3）的操作方法，打开一束玫瑰素材图像，如图 12-8 所示。

（8）参照步骤（4）～（6）的操作方法，使用移动工具，将素材放入合适的位置，效果如图 12-9 所示。

图 12-8 玫瑰素材图像

图 12-9 置入的素材

12.1.2 制作户外海报的文字效果

制作户外海报文字效果的具体操作步骤如下：

（1）选取工具箱中的横排文字工具，单击"窗口"|"字符"命令，弹出"字符"调板，设置"字体"为"黑体"、"字号"为 145 点、"颜色"为红色（RGB 参数值均为 R：205；G：51；B：51）。

（2）在图像编辑窗口中的合适位置单击鼠标左键确定插入点，并输入文"您专属的节日，请对自己好一点，38 女神节"字如图 12-10 所示。

（3）按照同样的方法将将"字号"调为 55，其它都不变，输入"让我们将美丽进行到底"，如图所示 12-11 所示。

图 12-10 输入文字

图 12-11 更改文字属性

实例小结

　　户外海报是一种典型的城市广告形式，随着社会经济的发展，户外海报已不仅是广告业发展的一种传播媒介手段，也是现代化城市环境建设布局中的一个重要组成部分。户外海报以多种形式广泛应用在各个地方，如路牌、单立柱、墙体、候车亭、车体、地铁、机场和火车站等。户外海报一般设立在闹市地段，因而产生的效果也很强。本实例利用"三八"国际妇女节为主题做的户外海报，新颖并且实用，从而快速吸引观众目光。

12.2　照片处理——室内人像暖色调调色

　　【实例说明】本实例介绍"照片处理——室内人像暖色调调色"图像的制作方法，效果如图 12-12 所示。

照片处理器前　　　　　　　　　　　　照片处理器后

图 12-12 室内人像暖色调处理

　　【制作要点】首先分析照片中所存在的几个问题：1. 曝光不足　2. 色彩不足　3. 色温偏低。因此，在处理照片的时候首先进行曝光和色温以及对比度的处理。

　　【难度指数】★★

12.2.1　室内人像暖色调调色

　　室内人像暖色调调色的具体操作步骤如下：

　　（1）单击图层右键复制新的图层。单击图层下面的"创建的新的填充或者调整图层"，然后选择"曝光度"，设置参数为+1.54，如图 12-13 所示；然后再单击"图像—调整—亮度/对比度"，设置参数为+31，如图 12-14 所示。

　　（2）进行细节处理。高光控制着室内和脸部的亮度，降低清晰度使人像更加柔和，提升脸部的光，使画面中的女孩更加靓丽。单击"图像—调整—色彩平衡"，选择"中间调"设置参数为"-2　+5　-14"；如图 12-15 所示。选择"高光"设置参数"0　0　-5"；如图 12-16 所示。按照第二步调整后的照片效果如图 12-17 所示。

图 12-13 调整曝光度

图 12-14 调整曝对比度

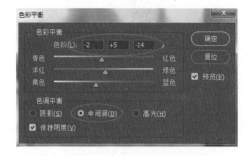

图 12-15 中间调参数设置

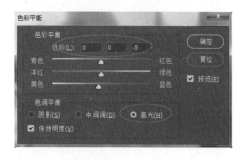

图 12-16 高光参数设置

图 12-17 照片调整后的效果

（3）大致调色。大致调色主要调节画面中的肤色以及后方野草的颜色，为了让肤色看起来更加好看更加有血色，所以需要提高蓝色饱和度。单击"图像—调整—色相/饱和度"，其中选择"黄色"，参数设置为"-33 -21 +65"，如图 12-18 所示；选择"蓝色"，参数设置为"0 +55 0"，如图 12-19 所示。按照第三步调整后的照片效果如图 12-20 所示。

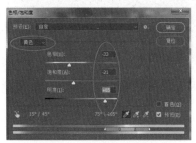

图 12-18 黄色参数设置

图 12-19 蓝色参数设置

图 12-20 照片调整后的效果

（4）调整室内环境颜色。调整后方室内空间的颜色，因为人像背后的室内环境中夹杂着很多的灰色，使整个画面显得很暗淡，所以想办法提亮空间，室内空间偏暖，使整个画面统一成黄色调子。单击"图像—调整—可选颜色"，其中选择"红色"，参数分别设置为：-19、0、+60、-30，如图 12-21 所示；选择"黄色"，参数分别设置为：-20、+15、+20、-20，如图 12-22 所示；选择"中性色"，参数分别设置为：0、0、0、-10，如图 12-23 所示。单击"图像—调整—自然饱和度，设置参数分别为：-10、0，如图 12-24 所示。用蒙版擦出人物周边部分，擦的过程中不要让肤色受到影响，如图 12-25 所示。

图 12-21 红色参数设置

图 12-22 黄色参数设置

图 12-23 中性色参数设置

图 12-24 自然饱和度参数设置

图 12-25 照片调整后的效果

（5）锐化眼部。锐化是为了使照片轮廓更加清晰，使用滤镜 USM 锐化效果不同照片有不同的参数，这个没有固定的数值，具体要看每一张照片的情况。单击"滤镜—锐化—USM 锐化"，参数设置分别为：数量 60%、半径 40%、阈值 0，如图 12-26 所示。照片最终处理结果如图 12-27 所示。

图 12-26　USM 锐化参数设置

图 12-27 照片最终调整的效果

实例小结

照片冷暖色调的处理是现代年轻人越来越流行的一种处理方法，随着社会经济的发展，现代年轻人的审美水平也不断提高，也是现代很多年轻人用手机摄影后对人物图像处理的一个重要部分。照片的处理方法是多种多样的，拿到一张照片，首先分析照片中所存在的问题，然后针对照片出现的问题进行后期处理。本案例就是照片中存在曝光不足、色彩不足、色温偏低。因此，在处理照片的时候首先进行曝光和色温以及对比度的处理。

12.3　海报——瑞风汽车

【实例说明】本实例介绍"海报——瑞风汽车"图像的制作方法，效果如图 12-28 所示。

扫码观看本节视频

图 12-28　瑞风汽车宣传海报

【制作要点】使用"描边"命令、椭圆选框工具及矩形选框工具等制作海报广告的背景效果；使用魔棒工具、"打开为"命令、"全选"命令及"亮度/对比度"命令等制作海报广告的主体效果；使用横排文字工具、"外发光"命令及钢笔工具等制作海报广告的文字效果。

【难度指数】★★

12.3.1　制作海报广告的背景效果

制作海报广告背景效果的具体操作步骤如下：

（1）单击工具箱中的"设置背景色"色块，弹出"拾色器"对话框，设置 RGB 参数值均为 0，单击"确定"按钮，并设置背景色为黑色；按【Ctrl＋N】组合键，新建一幅名为"瑞风汽车宣传海报"的 RGB 模式图像，设置"宽度"为 10 厘米、"高度"为 7 厘米、"分辨率"为 300 像素/英寸、"背景内容"为背景色。

（2）单击"图层"调板底部的"创建新图层"按钮 ，新建"图层 1"；选取工具箱中的椭圆选框工具，在图像窗口的偏左侧处拖曳鼠标，创建一个椭圆选区，如图 12-29 所示。

（3）参照步骤（1）的操作方法，设置前景色为黄色（RGB 参数值分别为 255、241、0）；单击"编辑"|"描边"命令，弹出"描边"对话框，并设置各项参数，如图 12-30 所示。

图 12-29　创建椭圆选区

图 12-30　"描边"对话框

（4）单击"确定"按钮，将选区描边为黄色；单击"选择"|"取消选择"命令，取消选区，效果如图 12-31 所示。

（5）选取工具箱中的矩形选框工具，并在图像编辑窗口中拖曳鼠标，创建一个矩形选区，如图 12-32 所示。

图 12-31 描边选区为黄色并取消选区

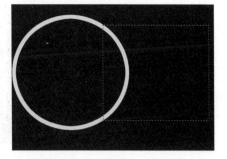

图 12-32 创建的矩形选区

（6）按【Delete】键，删除选区内的图像，效果如图 12-33 所示。

（7）参照步骤（3）和（4）的操作方法，为选区进行描边，并取消选区，效果如图 12-34 所示。

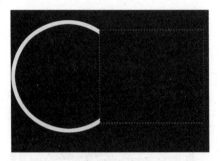

图 12-33 删除选区上的图像

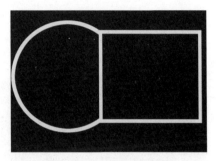

图 12-34 描边选区为黄色

（8）使用矩形选框工具，在图像窗口中的黄色图像上创建一个矩形选区，如图 12-35 所示。

（9）按【Delete】键，删除选区内的图像；按【Ctrl＋D】组合键取消选区，效果如图 12-36 所示。

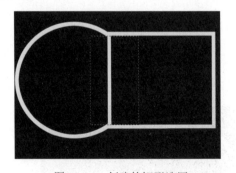

图 12-35 创建的矩形选区

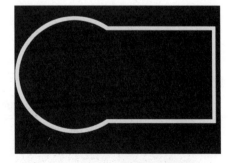

图 12-36 删除图像并取消选区

12.3.2 制作海报广告的主体图像效果

制作海报广告主体图像效果的具体操作步骤如下：

（1）选取工具箱中的魔棒工具，移动鼠标指针至图像窗口的黄色图像内，如图 12-37 所示。

（2）单击鼠标左键，创建如图 12-38 所示的选区。

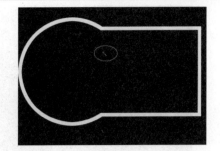

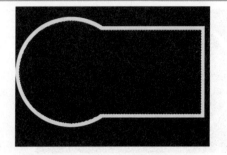

图 12-37　移动鼠标位置　　　　　　　　　图 12-38　创建选区

（3）单击"文件"|"打开"命令，弹出"打开"对话框，选中所需打开的图像，单击"打开"按钮，打开一幅汽车素材图像，如图 12-39 所示。

（4）单击"选择"|"全选"命令，全选图像，单击"编辑"|"拷贝"命令，拷贝选区内的图像。

（5）按【Ctrl＋Tab】组合键，切换至"瑞风汽车宣传海报"图像编辑窗口，单击"编辑"|"贴入"命令，贴入拷贝的图像，效果如图 12-40 所示。

图 12-39　汽车素材　　　　　　　　　　图 12-40　贴入拷贝的图像

（6）按【Ctrl＋T】组合键，调出变换控制框，按住【Shift＋Alt】组合键的同时，用鼠标向外拖曳右上角的控制柄至合适的位置，双击鼠标左键确认变换操作，效果如图 12-41 所示。

（7）单击"图像"|"调整"|"亮度/对比度"命令，弹出"亮度/对比度"对话框，设置"亮度"为20、"对比度"为9，单击"确定"按钮，效果如图 12-42 所示。

图 12-41　缩放图像　　　　　　　　　图 12-42　亮度/对比度调整后的效果

（8）单击"文件"|"打开为"命令，打开一幅企业标识素材，如图 12-43 所示。

（9）按【Ctrl＋A】组合键，全选图像；按【Ctrl＋C】组合键，拷贝选区内的图像；在"瑞风汽车宣传海报"窗口中按【Ctrl＋V】组合键，粘贴拷贝的图像，并调整至合适大小及位置，效果如图 12-44 所示。

图 12-43　企业标识

图 12-44　置入的图像

12.3.3　制作海报广告的文字效果

制作海报广告文字效果的具体操作步骤如下：

（1）按【T】键选取横排文字工具，在其工具属性栏中设置"字体"为"方正大黑简体"、"字号"为17、"颜色"为红色（RGB 参数值分别为 255、0、0）。

（2）在图像编辑窗口中的合适位置单击鼠标左键，输入文字"激扬我生活！"，按【Ctrl＋Enter】组合键，确认输入的文字，效果如图 12-45 所示。

（3）按【Ctrl＋T】组合键，调出变换控制框，移动鼠标指针至右上角的控制柄处，此时，鼠标指针呈双向弯曲箭头形状，向上拖曳鼠标旋转文字，在控制框内双击鼠标左键确认变换，效果如图 12-46 所示。

图 12-45　输入文字

图 12-46　旋转文字

（4）单击"图层"|"图层样式"|"外发光"命令，弹出"图层样式"对话框，单击"设置发光颜色"色块□，弹出"拾色器"对话框，设置颜色为白色（RGB 参数值均为 0），单击"确定"按钮，返回到"图层样式"对话框，并设置各项参数，如图 12-47 所示。

（5）单击"确定"按钮，应用"外发光"样式，效果如图 12-48 所示。

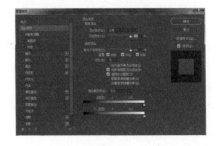

图 12-47　"图层样式"对话框

图 12-48　添加外发光样式后的效果

（6）选取工具箱中的钢笔工具，在图像窗口偏左上角处单击鼠标左键确定起始点，移动鼠标指针至合适的位置处并拖曳鼠标，绘制出一个曲线路径，如图 12-49 所示。

（7）按【Esc】键，确认绘制的开放曲线；按【T】键调出文本工具，移动鼠标指针至图像编辑窗口中绘制的开放曲线的起始点上，如图 12-50 所示。单击鼠标左键，确定插入点。

图 12-49　绘制曲线路径　　　　　　　　　图 12-50　确定插入点

（8）在其工具属性栏中设置"字体"为"宋体"、"字号"为 8、"颜色"为红色（RGB 参数值分别为 255、0、0），输入文字 www.ruifeng.com，按【Ctrl＋Enter】组合键确认输入的文字，效果如图 12-51 所示。

（9）参照步骤（1）和（2）的操作方法，输入其他文字，并设置字体、字号、颜色及位置，效果如图 12-52 所示。

图 12-51　输入路径文字　　　　　　　　　图 12-52　文字效果

实例小结

　　海报又称招贴，是古老的广告形式之一，属于平面印刷方式的广告，是张贴于闹市街头、公路、车站及机场等公共场所传达广告信息的广告形式。字体是海报广告设计的重要元素，以文字为主的海报广告更是如此。海报广告的文字不宜过多，标题、广告语和正文都应力求言简意赅、醒目大方。色彩是海报广告设计的重点之一，海报广告的色彩运用，要考虑到广告的内容和视觉效果，特别是色彩的远效果和大效果，一般都以单纯的色彩、纯度较高的色彩和对比度较强的色彩作为海报广告色彩，以提高色彩的注目效果。

　　本实例制作的瑞风汽车宣传海报，以汽车图片为主体，画面中裁剪汽车和半圆形图像构成视觉中心，并与其周围编排的广告语"激扬我生活！"等相协调，充分体现出瑞风汽车"全情全力，志在进取"的个性，从而体现出拥有者身份的高贵与眼光的深远。

12.4　DM广告——爱盟钻戒

扫码观看本节视频

【实例说明】本实例介绍"DM广告——爱盟钻戒"图像的制作方法，效果如图12-53所示。

平面效果

立体效果

图12-53　爱盟钻戒DM广告

【制作要点】使用标尺、移动工具、降低不透明度、横排文字工具，制作DM广告的平面效果；使用矩形工具、"云彩"命令、"添加杂色"命令、"扭曲"命令、多边形套索工具、渐变工具，制作DM广告的立体效果。

【难度指数】★★★

12.4.1　制作DM广告的平面图像效果

制作DM广告平面图像效果的具体操作步骤如下：

（1）按住【Ctrl】键双击Photoshop CC工作界面的灰色底板处，新建一幅名为"爱盟钻戒DM广告"的RGB模式图像，设置"宽度"和"高度"分别为36厘米和10厘米、"分辨率"为300像素/英寸、"背景内容"为白色。

（2）单击"视图"|"标尺"命令或按【Ctrl＋R】组合键，显示标尺，分别将鼠标指针置于垂直或水平标尺内，按住鼠标左键并拖动，添加垂直参考线，如图12-54所示。

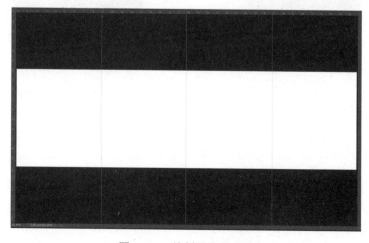

图12-54　绘制垂直参考线

（3）按【Ctrl＋O】组合键，分别打开金鱼素材图像和钻戒素材图像，如图 12-55 所示。

图 12-55　素材图像

（4）选取工具箱中的移动工具，分别将打开的素材图像移至"爱盟钻戒 DM 广告"图像编辑窗口中，并调整至合适大小及位置，效果如图 12-56 所示。

（5）按【Ctrl＋O】组合键，打开一幅鲜花素材图像，如图 12-57 所示。

图 12-56　置入的图像　　　　　　　　　　　　　　　图 12-57　鲜花素材

（6）使用移动工具将打开的素材图像移至"爱盟钻戒 DM 广告"图像编辑窗口中，并调整至合适的大小及位置，效果如图 12-58 所示。

（7）在"图层"调板的顶部设置"不透明度"为 30%，效果如图 12-59 所示。

图 12-58　置入图像　　　　　　　　　　图 12-59　降低不透明度

12.4.2　制作 DM 广告的平面文字效果

制作 DM 广告平面文字效果的具体操作步骤如下：

（1）选取工具箱中的横排文字工具，按【Ctrl＋T】组合键，弹出"字符"调板，设置"字体"为"楷体"、"字号"为 15、"字间距"为 50、"行间距"为 16、"颜色"为青色（RGB参数值分别为 0、160、233）。

（2）在图像编辑窗口中的合适位置单击鼠标左键，输入第一行文字后，按【Enter】键进行转行，依次输入其他文字。选取工具箱中的移动工具，将弹出信息提示框，确认输入的文字，效果如图 12-60 所示。

（3）用同样的方法，输入其他文字，并设置字体、字号、颜色及位置，效果如图 12-61 所示。

图 12-60　输入的文字　　　　　　　　图 12-61　文字效果

（4）用同样的方法，制作 DM 广告其他面的效果，如图 12-62 所示。

图 12-62　平面效果

12.4.3　制作 DM 广告的立体透视效果

制作 DM 广告立体透视效果的具体操作步骤如下：

（1）设置前景色为黑色，新建一幅名为"爱盟钻戒 DM 广告立体效果"的 RGB 模式图像，设置"宽度"和"高度"分别为 12 厘米和 6 厘米、"分辨率"为 300 像素/英寸、"背景内容"为背景色。

（2）分别设置前景色为淡灰色（RGB 参数值均为 244）和背景色为灰色（RGB 参数值均为 160）。

（3）选取工具箱中的矩形选框工具，在图像窗口右下角处按住鼠标左键并向左侧拖动鼠标，创建一个矩形选区，如图 12-63 所示。

（4）单击"滤镜"|"渲染"|"云彩"命令，添加云彩效果，效果如图 12-64 所示。

图 12-63　创建的矩形选区　　　　　　　图 12-64　云彩效果

（5）单击"滤镜"|"杂色"|"添加杂色"命令，弹出"添加杂色"对话框，设置"数值"为 12.5、"分布"为平均分布，最后将"单色"给勾选上。按【Ctrl＋D】组合键，取消选区，效果如图 12-65 所示。

（6）确认制作好的平面效果为当前工作图像；选取工具箱中的矩形工具，在图像编辑窗口中的平面上依照参考线创建一个矩形选区，如图 12-66 所示。

图 12-65　执行"添加杂色"滤镜后的效果　　　　　图 12-66　创建矩形选区

（7）单击"编辑"|"合并拷贝"命令，合并并拷贝选区内的图像；确定爱盟钻戒 DM 广告立体效果为当前工作图像，单击"编辑"|"粘贴"命令，粘贴拷贝的图像，并调整其至合适大小及位置，效果如图 12-67 所示。

（8）单击"编辑"|"变换"|"扭曲"命令，调出变换控制框，按住鼠标左键分别调整左上角和左下角的控制柄至合适的位置，按【Enter】键确认变换操作，效果如图 12-68 所示。

图 12-67　置入图像　　　　　　　　　图 12-68　变换图像

（9）参照步骤（5）～（8）的操作方法，扭曲和缩放其他 DM 广告面，效果如图 12-69 所示。

（10）选取工具箱中的多边形套索工具，在图像编辑窗口中 DM 广告面的左下角处单击鼠标左键确认起始点，移动鼠标指针至合适的位置单击鼠标左键，创建第 2 点，依次移动鼠标指针并单击鼠标左键，创建一个不规则的选区，如图 12-70 所示。

图 12-69　扭曲和缩放操作后的效果　　　　　图 12-70　创建的不规则选区

（11）单击"图层"|"新建"|"图层"命令，弹出"新建图层"对话框，采用默认设置，单击"确定"按钮，新建"图层 5"。

（12）按【Ctrl＋Alt＋D】组合键，弹出"羽化选区"对话框，设置"羽化半径"为 10 像素，单击"确定"按钮，羽化选区，如图 12-71 所示。

（13）分别设置前景为黑色（RGB 参数值均为 0）和背景色为白色（RGB 参数值均为

255）；选取工具箱中的渐变工具，在图像编辑窗口选区的右侧向左拖曳鼠标，渐变填充并取消选区，效果如图 12-72 所示。

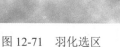

图 12-71　羽化选区

图 12-72　渐变填充

（14）在"图层"调板中设置当前图层的"不透明度"为 35%，效果如图 12-73 所示。

（15）单击"图层"|"排列"|"置为底层"命令，将其置于"背景"图层的上方，效果如图 12-74 所示。

图 12-73　降低不透明度

图 12-74　调整图层顺序

实例小结

　　本实例采用了直接的表现手法，将图像放置于画面的视觉中心，作为画面的主体，直接表现了主题，让人一目了然，同时配以紫红到黑色的渐变背景，简明扼要地勾勒出了产品的精致外观和摄影的专业特性，使整个画面新颖、和谐、饱满，容易被消费者所接受。

12.5　报纸广告——海星数码摄像机

　　【实例说明】本实例介绍"DM 广告——海星数码摄像机"图像的制作方法，效果如图 12-75 所示。

图 12-75　海星数码摄像机报纸广告

【制作要点】使用渐变工具和矩形工具等，制作报纸广告的背景效果；使用"全部"命令、渐变工具、圆角矩形工具和图层蒙版等制作报纸广告的图像效果；使用横排文字蒙版工具、渐变工具、横排文字工具和"描边"样式制作报纸广告的文字效果。

【难度指数】★★★★

12.5.1　制作报纸广告的背景效果

制作报纸广告背景效果的具体操作步骤如下：

（1）按【Ctrl＋N】组合键，新建一幅名为"海星数码摄像机报纸广告"的 RGB 模式图像，设置"宽度"和"高度"分别为 13 厘米和 9.75 厘米、"分辨率"为 300 像素/英寸、"背景内容"为白色。

（2）选取工具箱中的渐变工具，在其工具属性栏中单击"径向渐变"按钮，然后单击"点按可编辑渐变"色块，在打开的"渐变编辑器"窗口中设置渐变矩形条下方的两个色标，从左到右依次为暗紫色（RGB 参数值分别为 87、47、73）、黑色（RGB 参数值均为 0）。

（3）单击"确定"按钮，移动鼠标指针至图像窗口偏右下角处，按住鼠标左键并向左上角拖动鼠标，绘制一条直线，进行径向渐变填充，效果如图 12-76 所示。

（4）按【D】键，恢复默认的前景色（黑色）和背景色（白色）；按【Shift＋Ctrl＋N】组合键，新建"图层 1"；选取工具箱中的矩形工具，在其工具属性栏中单击"填充像素"按钮，移动鼠标指针至图像编辑窗口的左下角处并向右上角处拖曳鼠标，绘制一个黑色矩形，效果如图 12-77 所示。

图 12-76　渐变填充

图 12-77　绘制黑色矩形

12.5.2　制作报纸广告的图像效果

制作报纸广告图像效果的具体操作步骤如下：

（1）双击 Photoshop CC 工作界面的灰色底板处，打开一幅素材图像，如图 12-78 所示。

（2）单击"选择"|"全部"命令，全选图像；单击"编辑"|"拷贝"命令，拷贝选区内的图像；切换至"海星数码摄像机报纸广告"图像编辑窗口，单击"编辑"|"粘贴"命令，粘贴拷贝的图像，并调整至合适大小及位置，效果如图 12-79 所示。

图 12-78 素材图像

图 12-79 置入图像

（3）按小键盘上的数字键【6】，降低其"不透明度"为 60%，效果如图 12-80 所示；单击"图层"调板底部的"添加图层蒙版"按钮 ，添加图层蒙版。

（4）选取工具箱中的渐变工具，在其工具属性栏中单击"径向渐变"按钮 ，并单击"点按可编辑渐变"色块，在打开的"渐变编辑器"窗口中设置渐变矩形条下方的两个色标从左到右依次为灰色（RGB 参数值均为 145）和黑色。

（5）移动鼠标指针至图像编辑窗口的摄像头图像的中心处并向外拖曳鼠标，进行渐变填充，效果如图 12-81 所示。

（6）设置前景色为暗紫色（RGB 参数值分别为 45、29、37）；按【Shift＋Ctrl＋N】组合键，新建"图层 3"。

（7）选取工具箱中的圆角矩形工具，在其工具属性栏中单击"填充像素"按钮，并设置"半径"为 15 像素。移动鼠标指针至图像编辑窗口偏左下角处并拖曳鼠标，绘制一个填充圆角矩形，如图 12-82 所示。

图 12-80 降低不透明度　　　图 12-81 渐变填充后的效果　　　图 12-82 绘制圆角矩形

（8）双击 Photoshop CC 工作界面的灰色底板处，分别打开 6 幅素材图像如图 12-83 所示。

图 12-83 素材图像

（9）参照步骤（2）的操作方法，分别将打开的素材移至"海星数码摄像机报纸广告"图像编辑窗口中，并调整至合适大小及位置，效果如图 12-84 所示。

（10）设置前景色为红色（RGB 参数值分别为 255、0、0）；按【Shift＋Ctrl＋N】组合键，新建"图层 10"。

（11）选取工具箱中的矩形选框工具，在其工具属性栏中单击"添加至选区"按钮，在图像编辑窗口左下角人物处创建 3 个矩形选区，如图 12-85 所示。

图 12-84　置入图像　　　　　　　　　　　图 12-85　创建 3 个矩形选区

（12）在图像编辑窗口中单击鼠标右键，在弹出的快捷菜单中选择"描边"选项，弹出"描边"对话框，设置"宽度"为 1 像素、"颜色"为红色（RGB 参数值分别为 255、0、0、），单击"确定"按钮，为选区描边，在图像编辑窗口中单击鼠标右键，在弹出的快捷菜单中选择"取消选择"选项，取消选区，效果如图 12-86 所示。

（13）设置前景色为棕红色（RGB 参数值分别为 114、60、58）；按【Shift＋Ctrl＋N】组合键，新建"图层 11"。

（14）选取工具箱中的圆角矩形工具，在其工具属性栏中单击"填充像素"按钮，并设置"半径"为 15 像素，在图像编辑窗口的偏右下角处拖曳鼠标，绘制一个圆角矩形，效果如图 12-87 所示。

图 12-86　描边选区并取消选区　　　　　　　图 12-87 绘制圆角矩形

（15）选取工具箱中的移动工具，按住【Alt】键在图像编辑窗口绘制的圆角矩形上向左拖动鼠标，移动并复制圆角矩形，效果如图 12-88 所示。

（16）设置前景色为棕红色（RGB 参数值分别为 147、79、68）；单击"图层"调板中的"锁定透明像素"按钮，锁定其透明像素，按【Alt＋Delete】组合键，填充前景色，效果如图 12-89 所示。

图 12-88　移动并复制圆角矩形

图 12-89　锁定透明像素并填充前景色

12.5.3　制作报纸广告的文字效果

制作报纸广告文字效果的具体操作步骤如下：

（1）选取工具箱中的横排文字蒙版工具，在图像编辑窗口右下角处的圆角矩形上单击鼠标左键确认插入点，此时，图像呈半透明红色显示，如图 12-90 所示。

（2）在其属性栏中设置"字体"为"方正大黑简体"、"字号"为 20，输入文字"32 倍"，按【Ctrl＋Enter】组合键确定输入的文字，创建如图 12-91 所示的文字选区。

图 12-90　确认文字插入点

图 12-91　创建的文字选区

（3）创建"图层 12"；选取工具箱中的渐变工具，在其工具属性栏中单击"线性渐变"按钮，并单击"点按可编辑渐变"色块，在打开的"渐变编辑器"窗口中设置渐变矩形条下方的 5 个色标从左到右依次为灰色（RGB 参数值分别为 199、195、195）、深灰色（RGB 参数值分别为 123、119、118）、灰色（RGB 参数值分别为 173、169、168）、深灰色（RGB 参数值分别为 93、83、73）和灰色（RGB 参数值均为 219）。

（4）移动鼠标指针至文字选区中，按住鼠标左键并向下拖动鼠标，填充渐变色；按【Ctrl＋D】组合键取消选区，效果如图 12-92 所示。

（5）单击"图层"调板底部的"添加图层样式"按钮 fx，在弹出的下拉菜单中选择"描边"选项，弹出"图层样式"对话框，选择"填充类型"下拉列表框中的"渐变"选项，如图 12-93 所示。

图 12-92　渐变填充

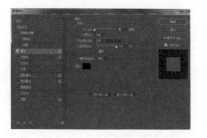

图 12-93　设置描边样式参数

（6）单击"渐变"矩形条 ，在打开的"渐变编辑器"（如图 12-94 所示）窗口中，设置 5 个色标从左到右依次为灰色（RGB 参数值分别为 199、195、195）、深灰色（RGB 参数值分别为 123、119、118）、灰色（RGB 参数值分别为 173、169、168）、深灰色（RGB 参数值分别为 93、83、73）和灰色（RGB 参数值均为 219），单击"确定"按钮，返回到"图层样式"对话框，并设置各项参数。

（7）单击"确定"按钮，应用"描边"样式，效果如图 12-95 所示。

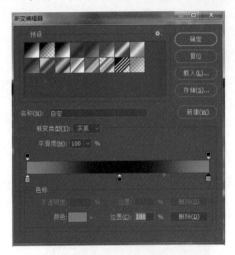

图 12-94 "渐变编辑器"对话框

图 12-95 添加描边样式后的效果

（8）使用横排文字工具在图像上的合适位置输入其他文字，并设置字体、字号、颜色及位置，效果如图 12-96 所示。

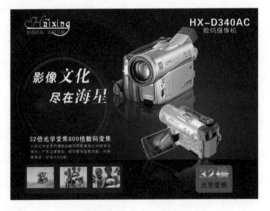

图 12-96 文字效果

实例小结

　　报纸是大众传媒工具，具有覆盖面广、见效快、可重复阅读等特点。在进行编排设计时，要注意文稿和插图的合理运用。文稿要求用词精炼得当，内容真实可信，富有联想和新意；插图在报纸广告中比文字表述更直观，它所传递的信息也比文字多，通常采用人物、产品图片或自然风光做产品图像的衬托，引发读者对产品的美好联想，从而产生很好的广告效应。

12.6　人像精修——妆面磨皮修图

【实例说明】本实例介绍"人像精修——妆面磨皮修图"图像的处理过程，效果如图 12-97
所示。

图 12-97　人像处理前后对比图

【制作要点】分析照片，找出图片中不足需要完善的地方。为了节省时间，通常情况下
会边去瑕疵的时候就已经开始分析照片，等你去完瑕疵之后基本上就已经分析好了，那就可
以把图放到合适的位置，基本上从这几个方向进行分析：从上到下、从左到右、从大到小。
如图 12-98 所示。

【难度指数】★★★★★

图 12-98　原图分析方向

12.6.1　人像精修——妆面修图

照片精修效果的具体操作步骤如下：

（1）去瑕疵。使用合适的工具去除瑕疵，常用的工具有（仿制图章、修补工具、五点
修复画笔工具，修复画笔工具，内容识别等等），如图 12-99 所示。

图 12-99　原图去瑕疵

（2）使用合理的修图手法进行光影的修饰，常用的修饰方法（中灰度、双曲线、高低频、仿制图章等等），在这里使用的是中灰度做的光影进行修饰。先建立黑白观察图层和建立中性灰图层，如图 12-100 所示。

图 12-100　黑白观察图层以及中性灰图层

（3）使用画笔对面部进行处理。点击工具栏中的画笔工具，不透明度调为 20%，流量调为 15%，黑/白画笔在中性灰图层上进行加深或者减淡，如图 12-101 所示。

图 12-101　使用画笔对脸部进行处理

（4）使整个人物的肤色红润一点，适当统一背景跟人物的整体色彩。单击"图像—调整—可选颜色"，其中选择"红色"，参数分别设置为：-22、-9、-5、0，如图 12-102 所示；选择"黄色"，参数分别设置为：-15、0、0、0，如图 12-103 所示；选择"蓝色"，参数分别设置为：0、-7、+28、0，如图 12-104 所示；选择"黑色"，参数分别设置为：+3、+3、+1、0，如图 12-105 所示。

图 12-102　红色参数设置　图 12-103　黄色参数设置　图 12-104　蓝色参数设置　图 12-105　黑色参数设置

（5）用曲线提偏向暗部一点的亮度能降低对比的同时提亮整体，如图 12-106 所示。

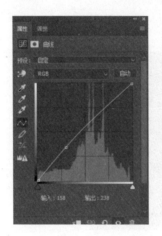 

图 12-106　用曲线对照片进行提亮

（6）用可选颜色减黄，然后填充黑色蒙版，使用白色画笔擦出需要提亮的区域，如图 12-107 所示。

图 12-107　经过提亮后所得到的效果

（7）盖印图片>用矩形选框工具>框选出头部>拷贝出来>删除盖印层>Ctrl+t 变形>适当收缩一下>配合蒙版>过渡边缘生硬的地方，如图 12-108 所示。

图 12-108　过渡边缘生硬的地方

（8）盖印>转档定调，原图整体色彩偏向于过冷，并不耐看，给人心理发慌的感觉，加一点暖色调，如图 12-109 所示。

图 12-109　调整整体色调

（9）使用画笔补色统一头发、眉毛的色彩，新建空白的图层>混合模式为颜色，吸取头发的颜色，涂抹到头发上、眉毛上，如图 12-110 所示。对整个人像的色彩进行调整，使整个照片偏红，如图 12-111 所示。

图 12-110　统一眉毛颜色

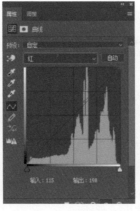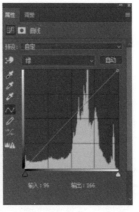

图 12-111　调整整个照片

（10）使用曲线再次调亮，做一个简单的调整局部曝光调整。（注：任何一张照片的处理过程中都是在不断的对比调整的，很可能同样一个命令会用到很多次，但不能将这些命令一次性调整到位）如图 12-112 所示。使图像更加清晰一点，使用锐化工具，高反差保留数值0.8 到 2.5 之间，然后混合模式改为线性光，如图 12-113 所示。

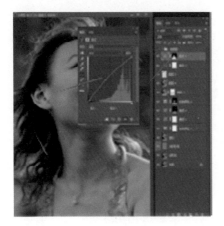

图 12-112　调亮整个照片　　　　　　　图 12-113　锐化处理

实例小结

　　妆面磨皮修图是对人像美化的一个重要部分，随着社会经济的发展，微信、微博等自媒体融入到越来越多人的生活中去，因此，越来越多的年轻人对自己拍摄出来的人物照片有着越来越高的要求。对人物照片面部的修复的方法多种多样，但无论选择哪种方式处理照片，首先分析照片，找出图片中不足需要完善的地方。通常情况下会边去瑕疵的时候就已经开始分析照片，等你去完瑕疵之后基本上就已经分析好了，然后再深入对图像进行处理。总结就是：从上到下、从左到右、从大到小。

附录一 习题参考答案

第 1 章

一、填空题

1．点阵图像 栅格图像 方格
2．标题栏 文件 滤镜 分析 视图
3．图形单元（Picture element） 小

二、简答题

（略）

第 2 章

一、填空题

1．标准屏幕模式 最大化屏幕模式 带有菜单栏全屏模式 全屏模式
2．Ctrl＋Alt＋＋ Alt＋Ctrl＋0 Ctrl＋0
3．最小化 最大化 窗口的大小

二、简答题

（略）

第 3 章

一、填空题

1．多边形套索
2．色彩范围 色彩范围
3．Shift＋Ctrl＋I

二、简答题

（略）

第 4 章

一、填空题

1．油漆桶工具
2．修补
3．背景橡皮擦 边缘

二、简答题

（略）

第 5 章

一、填空题

1．直线 曲线 锚点
2．钢笔
3．Ctrl＋Enter

二、简答题

（略）

第 6 章

一、填空题

1．阴影 中间调 高光
2．色相/饱和度
3．通道混合器

二、简答题

（略）

第 7 章

一、填空题

1．Ctrl＋A
2．点文字 Enter
3．段落 点文字

二、简答题

（略）

第 8 章

一、填空题

1．Alt
2．普通　普通
3．外发光

二、简答题

（略）

第 9 章

一、填空题

1．Alpha 通道　颜色通道　复合通道
专色通道
2．Alpha　白色　黑色
3．应用图像

二、简答题

（略）

第 10 章

一、填空题

1．消失点
2．波浪　水波　波浪
3．减少杂色　JPEG

二、简答题

（略）

第 11 章

一、填空题

1．PDF 演示文稿
2．联系表 II
3．Ctrl＋P

二、简答题

（略）

附录二　键盘快捷键

知道常用工具和命令的快捷键可节省时间。如果您要定制这些快捷键，可选择"编辑"> "键盘快捷键"。在打开对话框中，单击"摘要"可导出快捷键列表，其中包含您定义的快捷键。

工具快捷键

工具面板中的每组工具都共享一个快捷键，按 shift 和快捷键可在相应的一组工具之间切换。

各个工具的快捷键如下表所示：

工具	快捷键	工具	快捷键	工具	快捷键
移动工具	V	修复画笔工具	J	海绵工具	O
画板工具	V	修补工具	J	自由钢笔工具	P
矩形选框工具	M	内容感知移动工具	J	直排文字蒙版工具	T
椭圆选框工具	M	红眼工具	J	路径选择工具	A
套索工具	L	画笔工具	B	矩形工具	U
多边形套索工具	L	铅笔工具	B	椭圆工具	U
磁性套索工具	L	颜色替换工具	B	直线工具	U
快速选择工具	W	混合器画笔工具	B	抓手工具	H
魔棒工具	W	仿制图章工具	S	缩放工具	Z
吸管工具	I	图案图章工具	S	前景色背景色互换	X
3D 材质吸管工具	I	历史记录画笔工具	Y	切换屏幕模式	F
颜色取样器工具	I	历史记录艺术画笔	Y	减小画笔大小	[
标尺工具	I	橡皮擦工具	E	减小画笔硬度	{
注释工具	I	背景橡皮擦工具	E	渐细画笔	,
计数工具	I	魔术橡皮擦工具	E	最细画笔	<
裁剪工具	C	渐变工具	G	钢笔工具	P
透视裁剪工具	C	油漆桶工具	G	横排文字工具	T
切片工具	C	3D 材质拖放工具	G	横排文字蒙版工具	T
切片选择工具	C	减淡工具	O	直接选择工具	A
污点修复工具	J	加深工具	O	圆角矩形工具	U

续表

多边形工具	U	切换标准快速蒙版	Q	增加画笔硬度	}
自定形状工具	U	切换保留透明区域	/	渐粗画笔	.
旋转视图工具	R	增加画笔大小	]	最粗画笔	>
默认前景色工具	D				

应用程序菜单快捷键

下表列出了 Windows 中的菜单快捷键；要获得 Mac 中的菜单快捷键，只需将 Ctrl 键替换为 Command，并将 Alt 键替换为 Option。

各个工具的快捷键如下表所示：

文件			
新建	Ctrl+N	关闭全部	Alt+Ctrl+W
打开	Ctrl+O	存储	Ctrl+S
在 Bridge 中浏览	Alt+Ctrl+O	存储为	Shift+Ctrl+S
关闭	Ctrl+W	导出为	Shift+Alt+Ctrl+W
导出首选项 >			
存储为 Web 所用格式	Alt+Shift+Ctrl+S	打印	Ctrl+P
恢复	F12	打印一份	Shift+Alt+Ctrl+P
文件简介	Alt+Shift+Ctrl+I	退出	Ctrl+Q

编辑			
还原/重做	Ctrl+Z	剪切	Ctrl+X 或者 F2
前进一步	Ctrl+Shift+Z	拷贝	Ctrl+C 或者 F3
后退一步	Alt+Ctrl+Z	合并拷贝	Ctrl+Shift+C
渐隐	Ctrl+Shift+F	粘贴	Ctrl+C 或 F4
选择性粘贴 >			
原位粘贴	Ctrl+Shift+V	填充	Shift+F5 或者 Alt+Delete
贴入	Alt+Ctrl+Shift+V	内容识别缩放	Alt+Ctrl+Shift+C
搜索	Ctrl+F	自由变换	Ctrl+T

变换 >			
再次	Ctrl+Shift+T	键盘快捷键	Alt+Ctrl+Shift+K
颜色设置	Ctrl+Shift+K	菜单	Alt+Ctrl+Shift+M

首选项 >			
常规	Ctrl+K		

图像

调整 >			
色阶	Ctrl+L	去色	Ctrl+Shift+I
曲线	Ctrl+M	自动色调	Ctrl+Shift+L
色相/饱和度	Ctrl+U	自动对比度	Shift+Alt+Ctrl+L
色彩平衡	Ctrl+B	自动颜色	Ctrl+Shift+B
黑白	Shift+Alt+Ctrl+B	图像大小	Alt+Ctrl+I
反相	Ctrl+I	画布大小	Alt+Ctrl+C

图层

调整 >			
图层	Ctrl+Shift+N	创建	Alt+Ctrl+G
通过拷贝的图层	Ctrl+J	图层编组	Ctrl+G
通过剪切的图层	Ctrl+Shift+J	取消图层编组	Shift+Ctrl+G
快速导出的 PNG	Ctrl+Shift+'	隐藏图层	Ctrl+,
导出为	Alt+Ctrl+Shift+'		

排列 >			
置为顶层	Ctrl+Shift+]	锁定图层	Ctrl+/
前移一层	Ctr l+]	合并图层	Ctrl+E
后移一层	Ctr l+[	合并可见图层	Shift+Ctrl+E
置为底层	Alt+Ctrl+[		

选择

全部	Ctrl+A	所有图层	Alt+Ctrl+A
取消选择	Ctrl+D	查找图层	Alt+Shift+Ctrl+F

重新选择	Shift+Ctrl+D	选择并遮住	Alt+Ctrl+R
反选	Shift+Ctrl+I 或者 Shift+F7		

修改 >

羽化	Shift+F6		

滤镜

上次滤镜操作	Alt+Ctrl+F	镜头校正	Shift+Ctrl+R
自适应广角	Shift+Alt+Ctrl+A	液化	Shift+Ctrl+X
Camera Raw 滤镜	Shift+Alt+A	消失点	Alt+Ctrl+V

3D

显示/隐藏多边形 >

选区内	Alt+Ctrl+X	渲染 3D 图层	Alt+Shift+Ctrl+R
显示全部	Alt+Shift+Ctrl+X		

视图

校样颜色	Ctrl+N	色域警告	Shift+Ctrl+Y
放大	Ctrl+ +	100%	Ctrl+1 或者 Alt+Ctrl+0
缩小	Ctrl+ —	显示额外内容	Ctrl+H
按屏幕大小缩放	Ctrl+0		

显示 >

目标路径	Shift+Ctrl+H	标尺	Ctrl+R
网格	Ctrl+'	对齐	Shift+Ctrl+;
参考线	Ctrl+;	锁定参考线	Alt+Ctrl+;

窗口

导航器 >

动作	Alt+F9 或者 F9	信息	F8
画笔	F5	颜色	F6
图层	F7		

帮助

PS 帮助	F1		

附录三 精彩图片赏析

附录三　精彩图片赏析